全国高等职业教育规划教材

模 拟 电 子 技 术

主 编 宋秀萍 李 蕾

副主编 朱剑芳 王 彪 王 波

机械工业出版社

本书按照高职高专院校的教学大纲要求,每章以模拟电子技术理论知识进行讲解,穿插 Multisim 12.0 电路仿真工具进行仿真,结合仿真案例及实验编写而成,参考学时数为 96 学时。本书的特点是让学生通过经典电路仿真方式学习,能很快熟悉电路特性,进一步巩固理论知识。本书内容适量、实用,叙述简单、图文并茂,每章还配有相应的习题。主要内容包括:集成电路元器件、放大电路、负反馈电路、集成运算放大电路、波形产生与信号转换电路、直流电源。

本书可作为高职高专院校、成人自考、民办高校电子信息类、通信类等相关专业学生使用的电路基础课教材,也适合社会从业人员学习参考。

本书配有授课电子课件,需要的教师可登录 www.cmpedu.com 免费注册,审核通过后下载,或联系编辑索取(QQ:1239258369,电话:010-88379739)。

图书在版编目(CIP)数据

模拟电子技术/宋秀萍,李蕾主编. —北京:机械工业出版社,2015.10
全国高等职业教育规划教材
ISBN 978-7-111-52066-5

Ⅰ.①模… Ⅱ.①宋… ②李… Ⅲ.①模拟电路-电子技术-高等职业教育-教材 Ⅳ.①TN710

中国版本图书馆 CIP 数据核字(2015)第 259713 号

机械工业出版社(北京市百万庄大街 22 号　　邮政编码 100037)
策划编辑:王　颖　责任编辑:王　颖　版式设计:霍永明
责任校对:佟瑞鑫　责任印制:李　洋
高教社(天津)印务有限公司印刷
2016 年 1 月第 1 版第 1 次印刷
184mm×260mm · 10.5 印张 · 257 千字
0001 - 3000 册
标准书号:ISBN 978 - 7 - 111 - 52066 - 5
定价:29.90 元

出版说明

《国务院关于加快发展现代职业教育的决定》指出：到 2020 年，形成适应发展需求、产教深度融合、中职高职衔接、职业教育与普通教育相互沟通，体现终身教育理念，具有中国特色、世界水平的现代职业教育体系，推进人才培养模式创新，坚持校企合作、工学结合，强化教学、学习、实训相融合的教育教学活动，推行项目教学、案例教学、工作过程导向教学等教学模式，引导社会力量参与教学过程，共同开发课程和教材等教育资源。机械工业出版社组织全国 60 余所职业院校（其中大部分是示范性院校和骨干院校）的骨干教师共同策划、编写并出版的"全国高等职业教育规划教材"系列丛书，已历经十余年的积淀和发展，今后将更加紧密结合国家职业教育文件精神，致力于建设符合现代职业教育教学需求的教材体系，打造充分适应现代职业教育教学模式的、体现工学结合特点的新型精品化教材。

"全国高等职业教育规划教材"涵盖计算机、电子和机电三个专业，目前在销教材 300 余种，其中"十五""十一五""十二五"累计获奖教材 60 余种，更有 4 种获得国家级精品教材。该系列教材依托于高职高专计算机、电子、机电三个专业编委会，充分体现职业院校教学改革和课程改革的需要，其内容和质量颇受授课教师的认可。

在系列教材策划和编写的过程中，主编院校通过编委会平台充分调研相关院校的专业课程体系，认真讨论课程教学大纲，积极听取相关专家意见，并融合教学中的实践经验，吸收职业教育改革成果，寻求企业合作，针对不同的课程性质采取差异化的编写策略。其中，核心基础课程的教材在保持扎实的理论基础的同时，增加实训和习题以及相关的多媒体配套资源；实践性较强的课程则强调理论与实训紧密结合，采用理实一体的编写模式；涉及实用技术的课程则在教材中引入了最新的知识、技术、工艺和方法，同时重视企业参与，吸纳来自企业的真实案例。此外，根据实际教学的需要对部分课程进行了整合和优化。

归纳起来，本系列教材具有以下特点：

1）围绕培养学生的职业技能这条主线来设计教材的结构、内容和形式。

2）合理安排基础知识和实践知识的比例。基础知识以"必需、够用"为度，强调专业技术应用能力的训练，适当增加实训环节。

3）符合高职学生的学习特点和认知规律。对基本理论和方法的论述容易理解、清晰简洁，多用图表来表达信息；增加相关技术在生产中的应用实例，引导学生主动学习。

4）教材内容紧随技术和经济的发展而更新，及时将新知识、新技术、新工艺和新案例等引入教材。同时注重吸收最新的教学理念，并积极支持新专业的教材建设。

5）注重立体化教材建设。通过主教材、电子教案、配套素材光盘、实训指导和习题及解答等教学资源的有机结合，提高教学服务水平，为高素质技能型人才的培养创造良好的条件。

由于我国高等职业教育改革和发展的速度很快，加之我们的水平和经验有限，因此在教材的编写和出版过程中难免出现问题和疏漏。我们恳请使用这套教材的师生及时向我们反馈质量信息，以利于我们今后不断提高教材的出版质量，为广大师生提供更多、更适用的教材。

机械工业出版社

前　言

　　"模拟电子技术"是高职高专院校电子信息类、通信类等相关专业的基础必修课。本书是根据教学大纲要求，结合学生在校和毕业之后对这门课程的需求情况而编写的教学用书，在编写过程中采用了理论分析、Multisim 电路仿真、动手实验一体化形式，主要内容包括：集成电路元器件、放大电路、负反馈电路、集成运算放大电路、波形产生与信号转换电路、直流电源 6 章，并且每章均配有电路仿真分析和习题。本书内容适量、实用，叙述简单、图文并茂。

　　本书由重庆电子工程职业学院宋秀萍和李蕾担任主编，由宋秀萍负责全书的组织策划、修改补充和统稿工作，并编写第 2 章；李蕾负责第 4 章编写；桂林电子科技大学朱剑芳、河南职业技术学院王彪、重庆电子工程职业学院王波担任副主编、重庆城市管理职业学校牟洪江和陈勇、重庆市工业技师学院彭林参与编写。朱剑芳编写了第 5 章，牟洪江编写第 1 章，陈勇编写第 3 章，王彪编写第 6 章，彭林完成了第 5 章的电路仿真，王波完成本书的习题编写，重庆电子工程职业学院曾晓宏、何碧贵对本书的编写给予了大力支持，在此表示衷心的感谢！

　　本书编者在编写过程中，除了依据多年的教学实践经验外，还参考借鉴了国内外经典教材的部分内容，在此一并表示感谢！

　　由于编者水平有限，书中错误之处在所难免，恳请广大读者批评指正。

编　者

目　录

第1章　集成电路元器件

半导体器件是电子电路中使用最为广泛的器件，也是构成集成电路的基本单元。只有掌握半导体器件的结构性能、工作原理和特点，才能正确分析电子电路的工作原理，正确选择和合理使用半导体器件。

1.1　半导体基本知识

自然界中不同的物质，由于其原子结构不同，因而它们的导电能力也各不相同。根据导电能力的强弱，可以把物质分为导体、半导体和绝缘体。

导电性能介于导体与绝缘体之间的物质称为半导体。半导体的电阻率为 $10^{-3} \sim 10^3 \Omega \cdot$ cm。常用的半导体材料有硅（Si）、锗（Ge）和砷化镓（GaAs）及其他金属氧化物和硫化物等，半导体一般呈晶体结构。

半导体之所以引起人们注意并得到广泛应用，其主要原因并不在于它的导电能力介于导体和绝缘体之间，而在于它有如下几个特点：

（1）掺杂性

在半导体中掺入微量杂质，可改变其电阻率和导电类型。

（2）温度敏感性

半导体的电阻率随温度变化很敏感，并随掺杂浓度不同，具有正或负的电阻温度系数。

（3）光敏感性

光照能改变半导体的电阻率。

根据半导体的以上特点，可将半导体做成各种热敏元件、光敏元件、二极管、晶体管及场效应晶体管等。

1.1.1　本征半导体

纯净的不含任何杂质、晶体结构排列整齐的半导体称为本征半导体。图1-1为硅单晶体原子排列示意图，由原子结构理论可知，当原子的最外层电子数为8个时，其结构较稳定，这时每相邻两个原子都共有一对电子，形成电子对。电子对中的任何一个电子，既围绕自身原子核运动，也出现在相邻原子所属的轨道上，这样的组合称为共价键结构。

最外层电子（称为价电子）除受到原子核吸引外还受到共价键束缚，因而它的导电能力差。半导体的导电能力随外界条件改变而改变。它具有热敏特性和光敏特性，即温度升高或受到光照后半导体材料的导电能力会增强。这是由于共价键中的某些价电子获得能量，挣脱共价键的束缚，成为自由电子，同时在原共价键中留下相同数量的空位，通常把这种空位称为空穴，空穴与自由电子是成对出现的，自由电子和空穴的形成如图1-2所示。每形成一个自由电子，同时就出现一个空穴，它们成对出现，这种现象称为本征激发。

含空穴的原子带有正电，它将吸引相邻原子中的价电子，使它挣脱原来共价键的束缚去填补前者的空穴，从而在自己的位置上出现新的空穴。这样，当电子按某一方向填补空穴时，就像带正电荷的空穴向相反方向移动，于是空穴被看成是带正电的载流子，空穴的运动相当于正电荷的运动。自由电子和空穴又称为载流子。

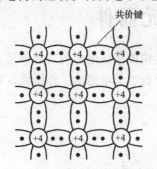

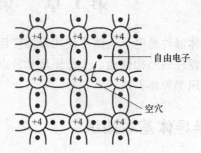

图 1-1　硅单晶体原子排列示意图　　　　　图 1-2　自由电子和空穴的形成

自由电子在运动过程中，又会和空穴相遇，重新结合而消失，这个过程称为复合。在室温下，本征半导体中的载流子数目是一定的，数量很少；当温度升高时，会有更多的价电子挣脱束缚，产生的电子－空穴对的数目也相对增加，半导体的导电能力也随之增强。

在没有外电场作用下，自由电子和空穴的运动是无规则的，半导体中没有电流。在外电场作用下，带负电的自由电子将逆电场方向做定向运动，形成电子电流；带正电的空穴将顺着电场方向做定向运动，形成空穴电流。

1.1.2　杂质半导体

在本征半导体中有控制有选择地掺入微量的有用杂质，就能制成具有特定导电性能的杂质半导体，其导电能力也会发生显著变化。下面就来讨论两种常用的杂质半导体。

1. N 型半导体

用特殊工艺在本征半导体掺入微量五价元素，如磷（P）。这种元素在和半导体原子组成共价键时，就多出一个电子。这个多出来的电子不受共价键的束缚成为自由电子，磷原子则因失去一个电子带正电。每掺入一个磷原子都能提供一个电子，从而使半导体中电子的数目大大增加，这种半导体导电主要靠电子，所以称为电子型半导体，又称为 N 型半导体。其中自由电子是多数载流子，空穴为少数载流子，如图 1-3a 所示。

2. P 型半导体

在半导体硅或锗中掺入少量三价元素，如硼（B）。这种元素在和与半导体原子组成共价键时，就自然形成一个空穴，这就使半导体中的空穴载流子增多，导电能力增强。这种半导体导电主要靠空穴，因此称为空穴型半导体，又称为 P 型半导体。其中空穴是多数载流子，电子是少数载流子，如图 1-3b 所示。

由此可见：杂质半导体中的多数载流子是掺杂造成的，尽管杂质含量很少，但它们对半导体的导电能力有很大影响；而其中少数载流子是本征激发产生的，数量少，对温度非常敏感。

1.1.3　PN 结原理

1. PN 结的形成

当通过一定的工艺，使一块 P 型半导体和一块 N 型半导体结合在一起时，在它们的交

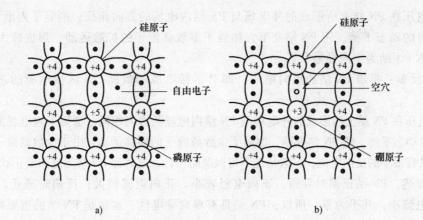

图 1-3 掺杂半导体共价键结构示意图

a) N 型半导体 b) P 型半导体

界处会形成一个特殊区域,称为 PN 结。PN 结是构成各种半导体器件的基础。

在 P 型半导体和 N 型半导体交界处,P 区的空穴浓度大,会向 N 区扩散;N 区的电子浓度大,则向 P 区扩散。这种在浓度差作用下多数载流子的运动称为扩散运动。空穴带正电,电子带负电,这两种载流子在扩散到对方区域后复合而消失,但在 P 型半导体和 N 型半导体交界面的两侧分别留下了不能移动的,但带有正负离子的一个空间电荷区,这个空间电荷区就称为 PN 结,PN 结的形成如图 1-4 所示。

PN 结的形成会产生一个由 N 区指向 P 区的内电场,内电场的产生对多数载流子的扩散运动起阻碍作用,故空间电荷区也称为阻挡层。同时,在内电场的作用下,有助于少数载流子会越过交界面向对方区域运动,这种少数载流子在内电场作用下规则的运动称为漂移运动。

显然,多数载流子的扩散运动和少数载流子的漂移运动是对立的。开始时扩散运动占优势,随着扩散运动的进行,内电场逐步加强。内电场的加强使扩散运动减弱,使漂移运动加强。当漂移运动和扩散运动达到动态平衡,PN 结的宽度就基本保持一定,PN 结就形成了。

2. PN 结的单向导电性

PN 结正偏:指在 PN 结的两端加上正向电压,即 P 区接电源的正极,N 区接电源的负极,如图 1-5a 所示。

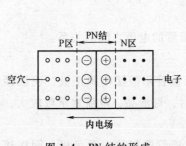

图 1-4 PN 结的形成

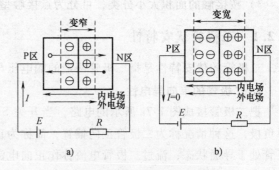

图 1-5 PN 结的单向导电性

a) PN 结正偏 b) PN 结反偏

外加电压在 PN 结上所形成的外电场与 PN 结内电场的方向相反，削弱了内电场的作用，破坏了原有的动态平衡，使 PN 结变窄，加强了多数载流子的扩散运动，形成较大的正向电流。这时称 PN 结为正向导通状态。

PN 结反偏：指给 PN 结加反向电压，即 P 区接电源的负极，N 区接电源的正极，如图 1-5b 所示。

外加电压在 PN 结上所形成的外电场与 PN 结内电场的方向相同，增强了内电场的作用，破坏了原有的动态平衡，使 PN 结变厚，加强了少数载流子的漂移运动，由于少数载流子的数量有限，所以只有很小的反向电流，一般情况下可以忽略不计，这时称 PN 结为反向截止状态。

综上所述，PN 结正偏时导通，正向电阻较小，正向电流较大；反偏时截止，反向电阻大，反向电流小，几乎为零。所以，PN 结具有单向导电性，这也是 PN 结的重要特性。

1.2　二极管

在 PN 结的两端各引出一根电极引线，然后用外壳封装起来就构成了二极管。由 P 区引出的电极称为正极或阳极，由 N 区引出的电极称为负极或阴极，如图 1-6a 所示，电路符号如图 1-6b 所示，电路符号中的箭头方向表示正向电流的流通方向。

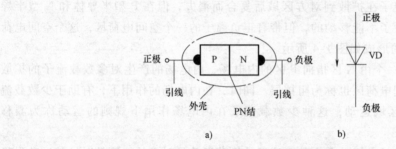

图 1-6　二极管的结构和电路符号

a）结构　b）电路符号

二极管的种类很多，分类方法主要有以下几种。
1）按制造材料分类，主要有硅二极管和锗二极管。
2）按用途分类，主要有整流二极管、检波二极管、稳压二极管以及开关二极管等。
3）按接触的面积大小分类，可分为点接触型、面接触型和集成型二极管。

1.2.1　二极管伏安特性

二极管的伏安特性是指二极管两端的端电压与流过二极管的电流之间的关系。

1. 二极管的单向导电性

把二极管接成图 1-7a 所示的电路，当开关 S 闭合，二极管阳极接电源正极，阴极接电源负极，这种情况称为二极管正向偏置，简称为正偏。这时，灯泡亮，电流表示数较大，二极管处于导通状态，流过二极管电流称作正向电流。

将二极管接成图 1-7b 所示的电路，当开关闭合时，二极管阳极接电源负极，阴极接正极，二极管处于反向偏置，简称为反偏。这时灯泡不亮，从电流表中看到电流几乎为零，二极管（PN 结）处于截止状态。实际上，在这种状态下，二极管中仍有微小电流通过，这电流基本上不随外加反向电压变化而变化，故称为反向饱和电流（也称为反向漏电流），用 I_s 表示。I_s 很小，是由少数载流子运动形成的，它会随温度上升而显著增加。所以，二极管的热稳定性较差，在使用半导体器件时，要考虑温度对器件和由它所构成的电路的影响。

把二极管正向偏置导通、反向偏置截止的这种特性称为单向导电性。

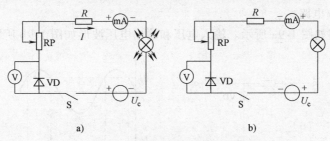

图 1-7 二极管单向导电性实验

a）二极管正向偏置 b）二极管反向偏置

2. 二极管的伏安特性

为了正确使用二极管，必须了解二极管的性能，二极管的性能可以用伏安特性表示，它是指二极管两端电压 U 和流过的电流 I 之间的关系。二极管的伏安特性如图 1-8 所示。

（1）正向特性

当外加正向电压较小时，外电场不足以克服内电场对多数载流子扩散运动所造成的阻力，电路中的正向电流几乎为零，这个范围称为死区，相应的电压称为死区电压，用 U_{th} 表示。锗管死区电压约为 0.1V，硅管死区电压约为 0.5V。当外加正向电压超过死区电压时，电流随电压增加而快速上升，二极管处于导通状态。锗管的正向导通压降约为 $U_{D(ON)(Ge)} = 0.2 \sim 0.3V$，硅管的正向导通压降约为 $U_{D(ON)(Si)} = 0.6 \sim 0.8V$。

（2）反向特性

在反向电压作用下，少数载流子漂移

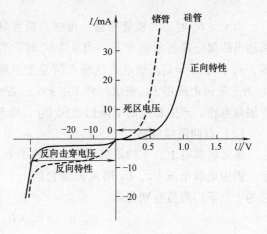

图 1-8 二极管的伏安特性

形成的反向电流很小，在反向电压不超过某一范围时，反向电流基本恒定，通常称为反向饱和电流。在同样的温度下，硅管的反向电流比锗管小，硅管约为 1μA 至几十 μA，锗管可达几百 μA，此时二极管处于截止状态。当反向电压继续增加到某一电压时，反向电流剧增，二极管失去了单向导电性，称为反向击穿，该电压称为反向击穿电压。二极管正常工作时，不允许出现这种情况。

1.2.2 二极管应用

二极管在电子技术中有着广泛应用，如：整流电路、限幅电路、钳位电路及检波电路等。

1. 整流电路

整流电路是利用二极管的单向导电作用，将交流电变成脉动直流电的电路。具体电路和工作原理在直流电源这章作详细的介绍。

2. 限幅电路

限幅电路又称为削波电路，是用来限制输入信号电压范围的电路。

（1）单向限幅电路

单向限幅电路如图 1-9a 所示。输入电压和输出电压波形如图 1-9b 所示。

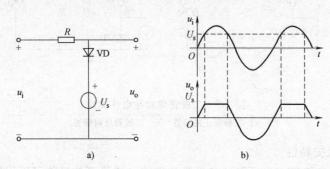

图 1-9　单向限幅电路

a）电路图　b）波形图

当 $u_i > U_s$ 时，二极管导通，理想二极管导通时正向电压为零，$u_o = U_s$，输入电压正半周超出的部分降在电阻 R 上；当 $u_i < U_s$ 时，二极管截止，U_s 所在支路断开，电路中电流为零，$u_R = 0$，$u_o = u_i$。该电路使输入信号上半周电压幅度被限制在 U_s 值，称为上限幅电路。U_s 为上限门电压用 U_{IH} 表示。即 $U_{IH} = U_s$。若将图 1-9 中 U_s、VD 极性均反向连接，可组成下限幅电路，产生相应的下限门电压 U_{IL}，原理请读者自行分析。

（2）双向限幅电路

通常将具有上、下门限的限幅电路称为双向限幅电路，电路及其输入波形如图 1-10 所示。图中电源电压 U_1、U_2 用来控制它的上、下门限值。若考虑二极管的导通电压 U_D，则它的上、下门限值分别为：

$$U_{IL} = -(U_2 + U_D), \quad U_{IH} = U_1 + U_D$$

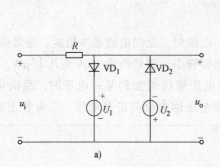
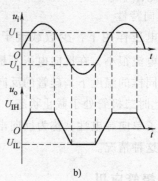

图 1-10　电路及其输入波形

a）电路图　b）波形图

当 $u_i < U_{IL}$ 时，二极管 VD_2 导通，VD_1 截止，相应的输出电压 $u_o = U_{omin} = U_{IL}$；当 $u_i > U_{IH}$ 时，二极管 VD_1 导通，VD_2 截止，相应的输出电压 $u_o = U_{omax} = U_{IH}$。而当 $U_{IL} < u_i < U_{IH}$ 时，二极管 VD_1、VD_2 均截止，则 $u_o = u_{ioo}$。

（3）钳位电路

钳位电路是使输出电位钳制在某一数值上保持不变的电路。钳位电路在数字电子技术中的应用最广。图 1-11 所示为钳位电路（与门），是数字电路中最基本的与门电路，也是钳位电路的一种形式。

设二极管为理想二极管，当输入 $U_A = U_B = 3V$ 时，二极管 VD_1、VD_2 正偏导通，输出电位被钳制在 U_A 和 U_B 上，即 $U_F = 3V$；当 $U_A = 0V$，$U_B = 3V$，则 VD_1 导通，输出被钳制在 $U_F = U_A = 0V$，VD_2 反偏截止。

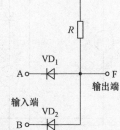

图 1-11　钳位电路（与门）

1.2.3　电路分析与仿真

前文已经描述了二极管的伏安特性，下面将使用 Multisim 12 仿真软件对二极管的伏安特性及应用进行仿真。

1. 二极管伏安特性仿真

二极管伏安特性曲线仿真电路如图 1-12a 所示，采用 IV 特性分析仪。

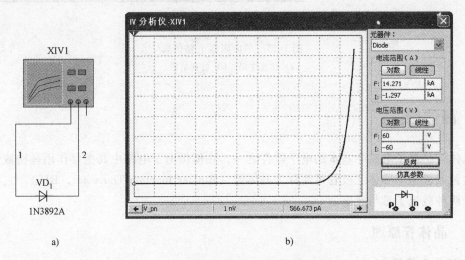

图 1-12　二极管伏安特性曲线仿真电路

a）仿真电路　b）伏安特性曲线

二极管是非线性电阻元件，主要表现在单向导电性，其次为导通后伏安特性的非线性。通过仿真得到的二极管伏安特性曲线如图 1-12b 所示。对比前面描述的二极管伏安特性中正向特性曲线，基本吻合。

2. 二极管单向限幅电路仿真

图 1-13a 所示为单向限幅电路，当 $u_i > U_s$ 时，二极管导通，理想二极管导通时正向电压为零，$u_o = U_s$，输入电压正半周超出的部分降在电阻 R 上；当 $u_i < U_s$ 时，二极管截止，U_s 所在支路断开，电路中电流为零，$u_R = 0$，$u_o = u_i$。该电路使输入信号上半周电压幅度被

限制在 U_s 值，称为上限幅（单向限幅）电路。其仿真结果如图 1-13b 所示，与理论结果相符。

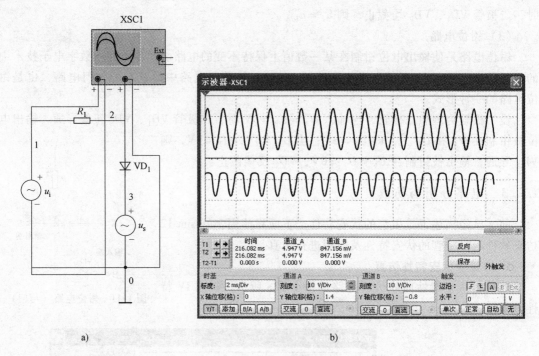

a)   b)

图 1-13　单向限幅电路仿真

a）仿真电路　b）仿真结果

1.3　晶体管

晶体管是电子电路中基本的电子器件之一，在模拟电子电路中其主要作用是构成放大电路。这种双极型半导体三极管可简称为晶体管（Bipolar Junction Transistor，BJT），它有空穴和电子两种载流子参与导电。

1.3.1　晶体管原理

1. 结构与符号

根据不同的掺杂方式，在同一硅片上制造出 3 个掺杂区域，并形成两个 PN 结，3 个区引出 3 个电极，就构成晶体管。晶体管可分为 PNP 型和 NPN 型两类，如图 1-14 所示为晶体管结构示意图及符号。晶体管有两个 PN 结、3 个电极和 3 个区。基区与发射区之间的 PN 结称发射结，基区与集电区之间的 PN 结称集电结。从基区、发射区和集电区各引出一个电极，基区引出的是基极（B），发射区引出的称为发射极（E），集电区引出的称为集电极（C）。

为了确保晶体管正常工作，制造时有 3 个区域有以下工艺要求：基区很薄，集电区的几何尺寸比发射区要大，发射区和集电区不能互换，发射区杂质浓度比集电区高很多，基区杂质浓度最低。

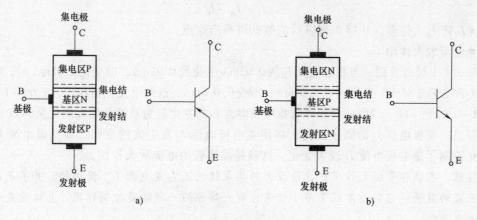

图 1-14　晶体管结构示意图及符号

a）PNP 型　b）NPN 型

晶体管电路符号如图 1-14 所示。在电路符号中，画箭头的电极是发射极，发射极的箭头方向是表示晶体管发射结正偏时，电流的方向。NPN 型发射极箭头向外，PNP 型发射极箭头向里。

晶体管在电路中主要起放大作用（主要应用于模拟电路）或开关作用（主要应用于数字电路）。

2. 放大作用及其条件

晶体管具有电流放大作用。下面从实验仿真来分析它的放大原理。

（1）晶体管各电极上的电流分配

为了了解晶体管的电流放大（控制）作用，先做一个仿真实验，晶体管 NPN 放大电路如图 1-15 所示。电路中，用三只电流表分别测量晶体管的集电极电流 I_C、基极电流 I_B 和发射极电流 I_E，它们的方向如图中箭头所示。基极电源 U_{BB} 通过基极电阻 R_b 和电位器 RP 给发射结提供正偏压 U_{BE}；集电极电源 U_{CC}，通过电极电阻 R_C 给集电极与发射极之间提供电压 U_{CE}。

调节电位器 RP，则基极电流 I_B、集电极电流 I_C 和发射极电流 I_E 都会发生变化。晶体管三个电极上的电流分配见表 1-1。

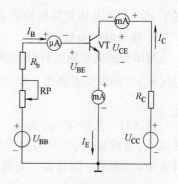

图 1-15　晶体管 NPN 放大电路

表 1-1　晶体管三个电极上的电流分配

I_B/ mA	0	0.01	0.02	0.03	0.04	0.05
I_C/ mA	0.01	0.50	1.00	1.60	2.20	2.90
I_E/ mA	0.01	0.51	1.02	1.63	2.24	2.95
I_C/I_B		50	50	53	55	58
$\Delta I_C/\Delta I_B$		49	50	60	60	70

从表 1-1 中，可以得出以下结论。

●发射极电流 I_E 等于基极电流 I_B 和集电极电流 I_C 之和，即：

9

$$I_E = I_B + I_C \tag{1-1}$$

- I_C 比 I_B 大得多。从第 2 列以后的数据可得出这点。
- 电流放大作用。

从表 1-1 可以看到，当基极电流 I_B 从 0.02mA 变化到 0.03mA，即变化 0.01mA 时，集电极电流 I_C 随之从 1.00mA 变化到了 1.60mA，即变化 0.6mA，这两个变化量相比（1.60 - 1.00）/（0.03 - 0.02）= 60，说明此时晶体管集电极电流 I_C 的变化量为基极电流 I_B 变化量的 60 倍。

可见，基极电流 I_B 的微小变化，将使集电极电流 I_C 发生大的变化，即基极电流 I_B 的微小变化控制了集电极电流 I_C 较大变化，这就是晶体管的电流放大作用。

注意：在晶体管放大作用中，被放大的集电极电流 I_C 是电源 U_{CC} 提供的，并不是晶体管自身生成的能量，它实际体现了用小信号控制大信号的一种能量控制作用。晶体管是一种电流控制元器件。

（2）晶体管放大的基本条件

从仿真实验结果来看，要使晶体管具有放大作用，必须要有合适的偏置条件，即：发射结正向偏置，集电结反向偏置。对于 NPN 型晶体管，必须保证集电极电压高于基极电压，基极电压又高于发射极电压，即 $U_C > U_B > U_E$；而对于 PNP 型晶体管，则与之相反，即 $U_C < U_B < U_E$。

1.3.2 晶体管伏安特性曲线

晶体管的伏安特性曲线是用来表示晶体管的各个电极上电压和电流之间的关系曲线，它是晶体管的外部表现，是分析由晶体管组成的放大电路和选择管子参数的重要依据。常用的是输入特性曲线和输出特性曲线，这些特性曲线可用晶体管特性图示仪直观地显示出来，图 1-16 所示为晶体管共射特性曲线测试电路。

1. 输入特性曲线

晶体管的共射输入特性曲线表示当晶体管的输出电压 u_{CE} 为常数时，输入电流 i_B 与输入电压 u_{BE} 之间的关系曲线，即：

$$i_B = f(u_{BE}) \mid _{u_{CE} = 常数} \tag{1-2}$$

测试时，先固定 u_{CE} 为某一数值，调节电路中的 RP_1，可得到与之对应的 i_B 和 u_{BE} 值，在以 u_{BE} 为横轴、i_B 为纵轴的直角坐标系中按所取数据描点，得到一条 i_B 与 u_{BE} 的关系曲线；再改变 u_{CE} 为另一固定值，又得到一条 i_B 与 u_{BE} 的关系曲线，共射输入特性如图 1-17 所示。

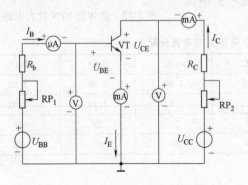

图 1-16　晶体管共射特性曲线测试电路

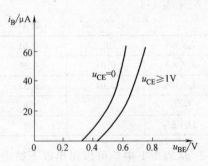

图 1-17　共射输入特性

1）$u_{CE}=0$ 时，集极与发射极相连，晶体管相当于两个二极管并联，加在发射结上的电压即为加在并联二极管上的电压，所以晶体管的输入特性曲线与二极管伏安特性曲线的正向特性相似，u_{BE} 与 i_B 也为非线性关系，同样存在着死区；这个死区电压（或阈值电压 U_{th}）的大小与晶体管材料有关，硅管约为 0.5V，锗管约为 0.1V。

2）当 $u_{CE}=1V$ 时，晶体管的输入特性曲线向右移动了一段距离，这时由于 $u_{CE}=1V$ 时，集电结加了反偏电压，晶体管处于放大状态，i_C 增大，对应于相同的 u_{BE}，基极电流 i_B 比原来 $u_{CE}=0$ 时减小，特性曲线也相应向右移动。

$u_{CE}>1$ 以后的输入特性曲线与 $u_{CE}=1V$ 时的特性曲线非常接近，近乎重合，由于晶体管实际放大时，u_{CE} 总是大于 1V 以上，通常就用 $u_{CE}=1V$ 这条曲线来代表输入特性曲线。$u_{CE}>1V$ 时，加在发射结上的正偏压 u_{BE} 基本上为定值，只能为零点几伏。其中硅管为 0.7V左右，锗管为 0.3V 左右。这一数据是检查放大电路中晶体管静态是否处于放大状态的依据之一。

2. 输出特性曲线

晶体管的共射输出特性曲线表示当晶体管的输入电流 i_B 为某一常数时，输出电流 i_C 与输出电压 u_{CE} 之间的关系曲线，即：

$$i_C=f(u_{CE})\ |\ _{i_B=\text{常数}} \tag{1-3}$$

在测试电路中，先使基极电流 i_B 为某一值，再调节 RP_2，可得与这对应的 u_{CE} 和 i_C 值，将这些数据在以 u_{CE} 为横轴，i_C 为纵轴的直角坐标系中描点，得到一条 u_{CE} 与 i_C 的关系曲线；再改变 i_B 为另一固定值，又得到另一条曲线。若用一组不同数值的 i_B 或得到图 1-18 所示的共射输出特性曲线。

由图中可以看出，曲线起始部分较陡，且不同 i_B 曲线的上升部分几乎重合；随着 u_{CE} 的增大，i_C 跟着增大；当 u_{CE} 大于 1V 左右以后，曲线比较平坦，只略有上翘，说明晶体管具有恒流特性，即 u_{CE} 变化时，i_C 基本上不变。输出特性不是直线，是非线性的，所以，晶体管是一个非线性器件。

晶体管输出特性曲线可以分为三个区。

（1）放大区

放大区是指 $i_B>0$ 和 $u_{CE}>1V$ 的区域，就是曲线的平坦部分。要使晶体管静态时

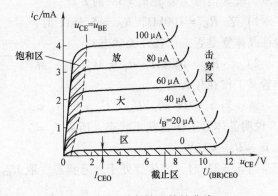

图 1-18　共射输出特性曲线

工作在放大区（处于放大状态），发射结必须正偏，集电结反偏。此时，晶体管是电流受控源，i_B 控制 i_C，i_C 与 i_B 成正比关系，其为 $i_C=\beta i_B$；即 i_B 有一个微小变化，i_c 将发生较大变化，体现了晶体管的电流放大作用，图中曲线间的间隔大小反映出晶体管电流放大能力的大小。

注意：只有工作在放大状态的晶体管才有放大作用。放大时硅管 $U_{BE}\approx0.7V$，锗管 $U_{BE}\approx0.3V$，$|U_{CE}|>1V$。

（2）饱和区

饱和区是指 $i_B>0$，$u_{CE}\leqslant0.3V$ 的区域。工作在饱和区的晶体管，发射结和集电结均为

正偏。此时，i_C 随着 u_{CE} 变化而变化，却几乎不受 i_B 的控制，晶体管失去放大作用。当 $u_{CE} = u_{BE}$ 时集电结零偏，晶体管处于临界饱和状态。处于饱和状态的 u_{CE} 称为饱和压降，用 U_{CE}（sat）表示；小功率硅管 U_{CE}（sat）约为 0.3V，小功率锗管 U_{CE}（sat）约为 0.1V。

（3）截止区

截止区就是 $i_B = 0$ 曲线以下的区域。工作在截止区的晶体管，发射结零偏或反偏，集电结反偏，由于 u_{BE} 在死区电压之内（$u_{BE} < U_{th}$），处于截止状态。此时晶体管各极电流均很小（接近或等于零），e、b、c 极之间近似看作开路。

1.3.3 晶体管应用

晶体管的主要应用分为两个方面：一是工作在放大状态，作为放大器；二是工作在饱和与截止状态，在脉冲数字电路中作为晶体管开关。实用中常通过测量 U_{CE} 值的大小来判断晶体管的工作状态。

【例1-1】 用万用表电压档测量某放大电路中某个晶体管各极对地的电位分别是：$U_1 = 2V$，$U_2 = 6V$，$U_3 = 2.7V$，试判断晶体管各对应电极与晶体管管型。

解：根据晶体管能正常实现电流放大的电压关系是：NPN 型管 $U_C > U_B > U_E$，且硅管放大时 U_{BE} 约为 0.7V，锗管 U_{BE} 约为 0.3V，而 PNP 型管 $U_C < U_B < U_E$，且硅管放大时 U_{BE} 约为 $-0.7V$，锗管 U_{BE} 约为 $-0.3V$，所以先找电位差绝对值为 0.7V 或 0.3V 的两个电极，若 $U_B > U_E$ 则为 NPN 型晶体管，$U_B < U_E$ 则为 PNP 型晶体管，本例中，U_3 比 U_1 高 0.7V，所以此管为 NPN 型硅管，①脚是发射极，②脚是集电极，③脚是基极。

【例1-2】 晶体管开关电路如图 1-19 所示，输入信号为幅值 $u_i = 3V$ 的方波，

1）若 $R_B = 100k\Omega$，$R_C = 5.1k\Omega$ 时，验证晶体管是否工作在开关状态？

2）若 $R_B = 100k\Omega$，$R_C = 3k\Omega$ 时，晶体管又工作在什么状态？

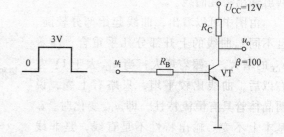

解：当 $u_i = 0V$ 时，$U_B = U_E = 0$，$I_B = 0$，说明晶体管工作在截止状态，所以 $I_C = 0$，$u_o = U_{CC} = 12V$。

图 1-19 晶体管开关电路

当 $u_i = 3V$ 时，晶体管处于导通状态，取 $U_{BE} = 0.7V$，则基极电流：

$$I_B = \frac{u_i - U_{BE}}{R_B} = \frac{3 - 0.7}{100 \times 10^3}A = 23\mu A$$

假设晶体管工作在放大区，则：

集电极电流：$I_C = \beta I_B = 100 \times 23\mu A = 2.3mA$

（1）$R_C = 5.1k\Omega$ 时

集射极电压：$U_{CE} = U_{CC} - I_C R_C = (12 - 2.3 \times 5.1)V = 0.27V$

可见 $U_{CE} < U_{CES}$，晶体管不是工作在放大状态而是饱和状态。说明 u_i 为幅值为 3V 的方波时，晶体管工作在开关状态。

（2）$R_C = 3k\Omega$ 时

集射极电压：$U_{CE} = U_{CC} - I_C R_C = (12 - 2.3 \times 3)V = 5.1V$

可见 $U_{CC} > U_{CE} > U_{CES}$，晶体管工作在放大状态。说明 u_i 为幅值为 3V 的方波时，晶体管工作在截止和放大状态。

从计算可知，改变电阻 R_C 大小，可以改变晶体管工作的状态。

1.3.4　电路分析与仿真

晶体管伏安特性仿真电路如图 1-20a 所示，IV 分析仪 XIV1 的 1、2、3 引脚分别接晶体管的 b、e、c 极。按下仿真开关，用鼠标双击 XIV1 得到图 1-20b 所示的伏安特性曲线，可以通过"仿真参数"按钮设置相应的参数。可以将仿真结果与前面理论对比分析。

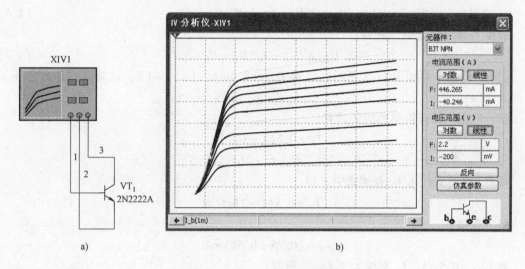

图 1-20　晶体管伏安特性仿真
a）仿真电路　b）仿真结果

1.4　场效应晶体管

场效应晶体管是较新型的半导体材料，它是利用电场效应来控制晶体管的电流，因而得名。它的外形也是一个晶体管，因此又称场效应晶体管。它是只有一种载流子参与导电的半导体器件，是一种用输入电压控制输出电流的半导体器件。从参与导电的载流子来划分，它有电子作为载流子的 N 沟道器件和空穴作为载流子的 P 沟道器件。从场效应晶体管的结构来划分，它有结型场效应晶体管和绝缘栅型场效应晶体管之分。本书主要介绍绝缘栅场效应晶体管的相关内容。

1.4.1　绝缘栅场效应晶体管偏置讨论

场效应晶体管放大电路的直流偏置电路

（1）自偏压电路

自偏压电路如图 1-21 所示。在图中，场效应晶体管栅极通过栅极电阻 R_G 接地，源极通过源极电阻接地 R_S。这种偏置方式利用 JFET（或耗尽型 MOS 管）在栅源电压 $U_{GS} = 0$ 时，漏极电流 $i_D \neq 0$ 的特点，以漏极电流在源极电阻 R_S 上的直流压降，给栅源之间提供反向偏置电压。也就是说，在静态时，源极电位 $u_S = i_D R_S$，由于栅极电流为 0，R_G 上没有压降，栅极电位 $u_G = 0$，所以栅源之间的偏置电压为：

$$u_{GS} = u_G - u_S = -i_D R_S \tag{1-4}$$

要说明的是，自偏压方式不能用于由增强型 MOS 管组成的放大电路。因为增强型 MOS 管只有当 u_{GS} 达到 U_T 时才有 i_D 产生。

对于图 1-21 所示电路的静态工作点，可以利用式 $i_D = I_{DSS}(1 - u_{GS}/U_P)^2$ 和式（1-4）求联立方程，即：

$$I_D = I_{DSS}(1 - U_{GS}/U_P)^2 \tag{1-5}$$

$$U_{GS} = -I_D R_S \tag{1-6}$$

求得 I_D 和 U_{GS} 之后，则有：

$$U_{GS} = U_{DD} - I_D(R_D + R_S) \tag{1-7}$$

【例 1-3】 电路如图 1-21 所示，已知 $I_{DSS} = 0.5\text{mA}$，$U_P = -1\text{V}$，试确定电路的静态工作点。

解：根据上面分析得到的公式有：

$$I_D = 0.5(1 + U_{GS})^2$$
$$U_{GS} = -2I_D$$

将 U_{GS} 表达式代入 I_D 表达式中，得：

$$I_D = 0.5(1 - 2I_D)^2$$

解方程得：

$$I_D = (0.75 \pm 0.56)\text{mA}$$

而 $I_{DSS} = 0.5\text{mA}$，I_D 不应大于 I_{DSS}，所以：

$$I_{DQ} = 0.19\text{mA}$$
$$U_{GSQ} = 0.38\text{V}$$
$$U_{GSQ} = 11.9\text{V}$$

（2）分压式自偏压电路

虽然自偏压电路比较简单，但是当静态工作点确定后，u_{GS} 和 i_D 就确定了，因而 R_S 选择的范围很小。分压式自偏压电路是在图 1-21 电路的基础上加接分压电阻后组成的，分压式自偏压电路如图 1-22 所示。漏极电源 U_{DD} 经分压电阻 R_{G1} 和 R_{G2} 分压后，通过 R_{G3} 供给栅极电压，$u_G = R_{G2} U_{DD}/(R_{G1} + R_{G2})$；同时漏极电流在源极电阻 R_S 上也产生压降，$u_S = i_D R_S$。因此，静态时加在 JFET 上的栅源电压为：

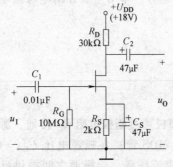

图 1-21 自偏压电路【例 1-3】电路

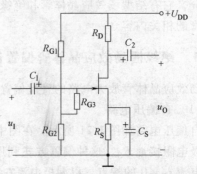

图 1-22 分压式自偏压电路

$$u_{GS} = u_G - u_S \tag{1-8}$$
$$= U_{DD}R_{G2}/(R_{G1} + R_{G2}) - i_D R_S$$

同样可根据式 $i_D = I_{DSS}(1 - u_{GS}/U_P)^2$ 和（1-8）求联立方程，即：

$$I_D = I_{DSS}(1 - u_{GS}/U_P)^2$$
$$U_{GS} = U_{DSS}R_{G2}/(R_{G1} + R_{G2}) - I_D R_S$$

从而求出 I_D 和 U_{GS}，并求出：

$$U_{DS} = U_{DD} - I_D(R_D + R_S)$$

得出电路的静态工作点。

1.4.2　绝缘栅场效应晶体管工作状态分析

MOS 管（金属-氧化物-半导体场效应晶体管）除了有 N 沟道和 P 沟道之分外，还有增强型和耗尽型之分。所谓增强型，就是在 $U_{GS} = 0$ 时，没有导电沟道；所谓耗尽型，是当 $U_{GS} = 0$ 时，就存在导电沟道。下面主要讨论 N 沟道增强型的 MOSFET（金属-氧化物-半导体场效应晶体管），然后比较各种 MOSFET（金属-氧化物-半导体场效应晶体管）的特点。

1. N 沟道耗尽型绝缘栅场效应晶体管

N 沟道耗尽型的结构和符号如图 1-23a 所示，它是在栅极下方的 SiO_2 绝缘层中掺入了大量的金属正离子。所以当 $U_{GS} = 0$ 时，这些正离子已经感应出反型层，形成了沟道。于是，只要有漏源电压，就有漏极电流存在。当 $U_{GS} > 0$ 时，将使 I_D 进一步增加。$U_{GS} < 0$ 时，随着 U_{GS} 的减小漏极电流逐渐减小，直至 $I_D = 0$。对应 $I_D = 0$ 的 U_{GS} 称为夹断电压，用符号 U_{GS}（off）表示，有时也用 U_P 表示。N 沟道耗尽型的转移特性曲线如图 1-23b 所示。

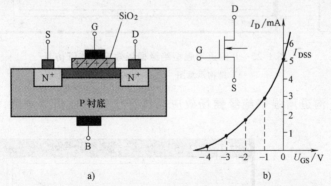

a)　　　　　　　　　　　　　　　　b)

图 1-23　N 沟道耗尽型绝缘栅场效应晶体管结构和转移特性曲线

a) 结构示意图　　b) 转移特性曲线

2. N 沟道增强型绝缘栅场效应晶体管

结构与耗尽型类似。但当 $U_{GS} = 0V$ 时，在 D、S 之间加上电压不会在 D、S 间形成电流。当栅极加有电压时，若 U_{GS}（th）$= 0$ 时，形成沟道，将漏极和源极沟通。如果此时加漏源电压，就可以形成漏极电流 I_D。在 $U_{GS} = 0V$ 时 $I_D = 0$，只有当 $U_{GS} > U_{GS}$（th）后才会出现漏极电流，这种 MOS 管称为增强型 MOS 管。

N 沟道增强型 MOS 管的转移特性曲线，见图 1-24。

3. P 沟道 MOS 管

P 沟道 MOS 管的工作原理与 N 沟道 MOS 管完全相同，只不过导电的载流子不同，供电

电压极性不同而已。这如同双极型晶体管
有 NPN 型和 PNP 型一样。

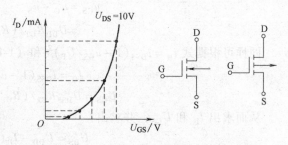

图 1-24　N 沟道增强型 MOS 管的转移特性曲线

1.4.3　电路分析与仿真

场效应晶体管伏安特性仿真电路，以
下以 MOS_ENH_P（P 沟道增强型绝缘栅
场效应晶体管）和 MOS_ENH_N（N 沟道
增强型绝缘栅场效应晶体管）和两种 MOS
管为例介绍。

图 1-25a 为 P 沟道增强型绝缘栅场效应晶体管伏安特性仿真电路，得到仿真结果如
图 1-25b 所示。

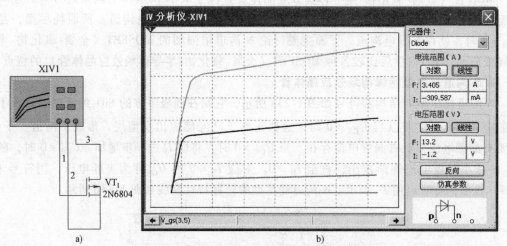

图 1-25　P 沟道增强型绝缘栅场效应晶体管仿真
a）结构示意图　b）转移特性曲线

图 1-26a 为 N 沟道增强型绝缘栅场效应晶体管伏安特性仿真电路，得到仿真结果如
图 1-26b 所示。

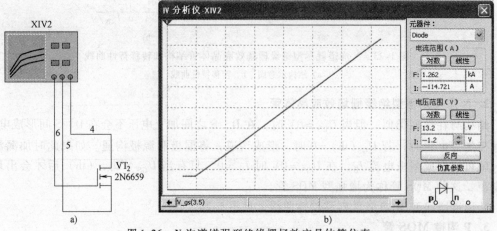

图 1-26　N 沟道增强型绝缘栅场效应晶体管仿真
a）结构示意图　b）转移特性曲线

1.5 实验

1. 训练目的

1）熟悉二极管、晶体管和场效应晶体管半导体器件。

2）掌握使用万用表判别二极管、晶体管引脚及类型的方法。

2. 实验仪器及器材

1）万用表。

2）二极管、晶体管、场效应晶体管。

3. 实验内容及步骤

（1）二极管的简易测量

把二极管一端标记为 A，另一端标记为 B。选择万用表的欧姆档 $R \times 100\Omega$ 或 $R \times 1\text{k}\Omega$ 档，A 端接红表笔，B 接黑表笔，测得电阻值为 R_{AB}；然后把黑表笔和红表笔对换，即 B 端接红表笔，A 端接黑表笔，测得电阻值为 R_{BA}。

若 R_{AB} 和 R_{BA} 中一个很大，一个很小，则说明二极管是好的。可以正常使用。若 $R_{AB} > R_{BA}$，则 A 端为二极管的正极，B 端为负极；$R_{AB} < R_{BA}$，则 A 端为二极管的负极，B 端为二极管的正极。

若两个阻值均接近于无穷大，则说明二极管内部断路；若都接近于零，说明二极管内部击穿。这两种情况下，二极管都已经损坏，不能使用。

若两个阻值相差不大，则说明二极管漏电严重，也不能使用。

将上述测量数据及判定结果填于表 1-2 中。

表 1-2 二极管的测试结果

	R_{AB}/Ω	R_{BA}/Ω	管子好坏	正极端
二极管 1				
二极管 2				
二极管 3				

（2）晶体管的简易测量

1）判别晶体管的基极 B。

选择万用表的欧姆档 $R \times 100$ 或 $R \times 1\text{k}\Omega$ 档，用黑表笔接触晶体管某一引脚，用红表笔分别接触另外两个引脚，若两次测得的阻值相近，则黑表笔接触的就是晶体管的基极 B。若测得阻值一高一低，则黑表笔接触的不是晶体管的基极，需换引脚现测。

2）判别晶体管的管型。

用万用表的黑表笔接触基极不动，红表笔分别接触其余两极，若两次测得均为高电阻值，则为 PNP 型晶体管，若两次测得均为低电阻值，则为 NPN 型晶体管。

3）判别晶体管的集电极 C 和发射极 E。

① 以 NPN 型管为例，在判别出 B 极的基础上，把剩余两引脚中的一个假设为 C 极，另一个假设为 E 极，用万用表的黑表笔接到假设 C 极上，红表笔接到假设的 E 极上，并用手捏住 B 极和假设的 C 极，读出此时万用表上的阻值。

② 把①中假设的 C 极假设为 E 极，把①中假设的 E 极假设为 C 极，重复①的测量过程，又测得一个阻值。

③ 比较①、②两次所测的阻值，阻值小的一次假设是对的。

4）晶体管质量判别。

将万用表的黑表笔接晶体管的 B 极，红表笔分别接 C 极和 E 极，此时测得的阻值记为 RBC 和 RBE，若为 NPN 型晶体管则 RBC 和 RBE 都应较小，若为 PNP 型晶体管则 RBC 和 RBE 都应较大；将红表笔接 B 极，黑表笔分别接 C 极和 E 极，此时测得的阻值记为 RCB 和 REB，若为 NPN 型晶体管则 RCB 和 REB 都应该比较大，若为 PNP 型晶体管则 RCB 和 REB 都应较小。若 RBB 和 REB 都很小或很大，则说明晶体管的发射结已坏；若 RBC 和 RCB 都很小或很大，则说明晶体管集电结已坏。结合测量数据填写表 1-3。

表 1-3　晶体管的测试结果

	管型	RBC/Ω	RBE/Ω	RCB/Ω	RCB/Ω	管子好坏
1 晶体管						
2 晶体管						
3 晶体管						

4. 实验报告

完成实验报告。

1.6　习题

1. 什么是 PN 结的偏置？PN 结正向偏置与反向偏置时各有什么特点？

2. 锗二极管与硅二极管的死区电压、正向压降、反向饱和电流各为多少？

3. 为什么二极管可以当作一个开关来使用？

4. 普通二极管与稳压管有何异同？普通二极管有稳压性能吗？

5. 选用二极管时主要考虑哪些参数？这些参数的含义是什么？

6. 晶体管具有放大作用的内部条件和外部条件各是什么？

7. 晶体管有哪些工作状态？各有什么特点？

8. 二极管单向限幅电路如图 1-27 所示，已知 $u_i = 10\sin\omega t$（V），试求 u_i 与 u_o 的波形。设二极管正向导通电压可忽略不计。

9. 二极管双向限幅电路如图 1-28 所示，已知 $u_i = 5\sin\omega t$（V），二极管导通压降为 0.7V。试画出 u_i 与 u_o 的波形，并标出幅值。

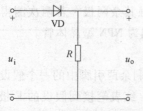

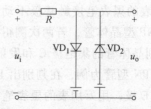

图 1-27　二极管单向限幅电路　　　　　图 1-28　二极管双向限幅电路

10. 电路如图 1-29a 所示，其输入电压 u_{i1} 和 u_{i2} 的波形如图 1-29b 所示，设二极管导通电压降为 0.7V。试画出输出电压 u_o 的波形，并标出幅值。

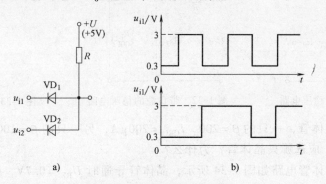

图 1-29　钳位电路及输入波形

a）钳位电路　b）输入波形

11. 写出图 1-30 所示二极管电路的输出电压值，设二极管导通后电压降为 0.7V。

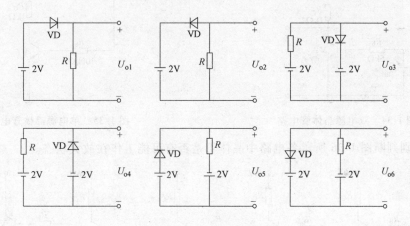

图 1-30　二极管电路

12. 现有两只稳压管，它们的稳定电压分别为 6V 和 8V，正向导通电压为 0.7V。试问：将它们串联相接，则可得到几种稳压值？各为多少？

13. 已知稳压管的稳定电压 $U_{VZ} = 6V$，稳定电流的最小值 $I_{Zmin} = 5mA$，最大功耗 $P_{VZM} = 150mW$。试求图 1-31 所示二极管稳压电路中电阻 R 的取值范围。

14. 已知图 1-32 所示带负载的稳压电路中稳压管的稳压电压 $U_{VZ} = 6V$，最小稳定电流 $I_{Zmin} = 5mA$，最大稳定电流 $I_{Zmax} = 25mA$。

1）分别计算 U_1 为 10V、15V、35V 三种情况下输出电压 U_0 的值；

2）若 $U_1 = 35V$ 时负载开路，则会出现什么现象？为什么？

15. 在图 1-33 所示发光二极管电路中，发光二极管导通电压 $U_{VD} = 1.5V$，正向电流在 5 ~ 15mA 时才能正常工作。

试问：

1）开关 S 在什么位置时发光二极管才能发光？

2）R 的取值范围是多少？

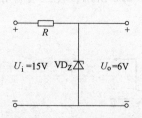

图 1-31 二极管稳压电路

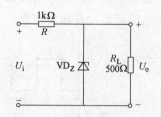

图 1-32 带负载的稳压电路

图 1-33 发光二极管电路

16. 有两只晶体管，一只的 $\beta = 200$，$I_{CEO} = 200\mu A$，另一只的 $\beta = 100$，$I_{CEO} = 10\mu A$，其他参数大致相同。应选哪只晶体管？为什么？

17. 双电源晶体管电路如图 1-34 所示，晶体管导通时 $U_{BE} = 0.7V$，$\beta = 50$。试分析 U_{BB} 在 0V、1V、1.5V 三种情况下 VT 的工作状态及输出电压 u_o 的值。

18. 单电源晶体管电路如图 1-35 所示，试问 β 大于多少时晶体管饱和？

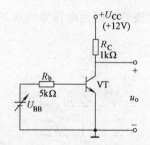

图 1-34 双电源晶体管电路

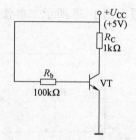

图 1-35 单电源晶体管电路

19. 分别判断图 1-36 所示各电路中晶体管是否有可能工作在放大状态。

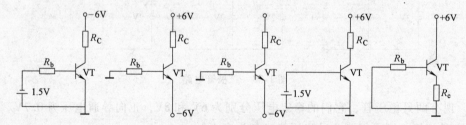

图 1-36 放大电路

第2章 放大电路

放大电路能够将一个微弱的交流小信号（叠加在直流工作点上），通过一个电子有源器件（晶体管或场效应晶体管），得到一个波形相似（不失真），幅值大很多的交流大信号输出。放大器是一种重要的基本单元电路，广泛应用于中继传输设施、音频广播及大规模集成电路系统中。

基本放大电路是各种复杂放大电路的基本单元。按照使用的电子有源器件分类，放大器分为：晶体管放大电路和场效应晶体管放大电路。放大电路分类如表2-1所示。在构成多级放大器时，这几种电路常常需要相互组合使用。

表 2-1　放大电路分类

电子有源器件分类	基本形式分类	多级放大器耦合方式分类
晶体管放大电路	共射极放大电路	阻容耦合 变压器耦合 直接耦合 光耦合
	共基极放大电路	
	共集电极放大电路	
场效应晶体管放大电路	共源放大电路	
	共漏放大电路	
	共栅放大电路	

本章首先介绍基本放大电路原理和基本分析方法，讨论放大电路的基本模型、直流通路及交流通路的分析方法。然后介绍五种基本放大电路组态，并给出电路仿真分析。最后介绍多级放大电路知识，以及放大电路的频率特性，并进行电路仿真分析。

2.1　基本放大电路原理与基本分析方法

在实际应用中，根据放大电路输入信号的条件和对输出信号的要求，放大电路可分为四种类型：

1）电压放大电路：只考虑电压增益的电路。

2）电流放大电路：只考虑电流增益的电路。

3）互阻放大电路：将电流信号转换为电压信号的电路。

4）互导放大电路：将电压信号转换为电流信号的电路。

以上4种放大电路都有各自的用途，但是放大原理相似。本书中描述的所有放大电路都是电压放大电路。

2.1.1　电压、电流的方向及符号规定

1. 标记电压、电流的参考方向

为了便于分析，规定：电压的正方向都以输入、输出回路的公共端为负，即电源地；其

他各点均为正。电流方向以晶体管各电极电流的实际方向为正方向，例如晶体管处于放大区时，发射结为正向偏置，集电结为反向偏置。此时，基极电流 i_B 方向为流入基极，集电极电流 i_C 方向为流入集电极，发射极电流 i_E 方向为流出发射极。

2. 电压、电流的符号

本文电压、电流的符号表示均遵从表 2-2 的规定。

表 2-2 电压、电流符号的规定

变量类别	符号	下标	示例
直流分量	大写	大写	I_B、I_C、I_E、U_{BE}、U_{CE}
交流分量	小写	小写	i_b、i_c、i_e、u_{be}、u_{ce}
交直流叠加	小写	大写	i_B、i_C、i_E、u_{BE}、u_{CE}
交流有效值	大写	小写	I_b、I_c、I_e、U_{be}、U_{ce}
交流振幅值	大写	小写	I_{bm}、I_{cm}、I_{em}、U_{bem}、U_{cem}

2.1.2 对实用放大电路的一般要求

1. 基本放大电路模型

对信号源来说，放大电路就是其负载，可以用一个电阻表示，称为输入电阻 R_i。对负载 R_L 来说，放大电路就是其信号源，可以用一个含内阻的电压源表示，其内阻称为输出电阻 R_o。负载 R_L 上的输出电压 U_o 和放大电路输入电压 U_i 之比，称为电压放大倍数，是衡量放大电路放大性能的主要指标。

实际放大器一般要求信号源与负载电阻有公共端，也就是输入电压 U_i 与输出电压 U_o 的公共接地端。图 2-1 所示为基本放大电路原理图。

2. 基本放大器的工作原理

基本放大电路一般是指有一个晶体管或场效应晶体管组成的放大电路。放大电路的功能是利用晶体管的控制作用，把输入的微弱电信号不失真的放大到所需的数值，实现将直流电源的能量部分转化为按输入信号规律变化且有较大能量的输出信号。放大电路的实质，是用较小的能量去控制较大能量转换的一种能量转换装置。

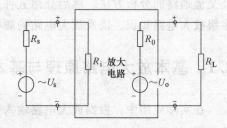

图 2-1 基本放大电路原理图

利用晶体管的以小控大作用，电子技术中以晶体管为核心器件可组成各种形式的放大电路。其中基本放大电路共有 3 种组态：共发射极放大电路、共集电极放大电路和共基极放大电路，如图 2-2 所示。

场效应晶体管的栅极（G）、源极（S）、漏极（D）分别与晶体管的基极（B）、射极（E）、集电极（C）相对应，所以场效应晶体管放大电路也可构成 3 种组态：共栅、共源和共漏极放大电路，如图 2-3 所示。

无论基本放大电路为何种组态，构成电路的主要目的是相同的：让输入的微弱小信号通过放大电路后，输出时其信号幅度显著增强。

（1）放大电路的组成原则

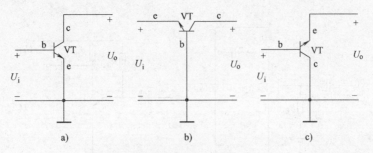

图 2-2 晶体管放大电路的三种组态

a) 共射极电路 b) 共基极电路 c) 共集电极电路

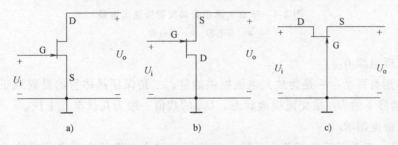

图 2-3 场效应晶体管放大电路的三种组态

a) 共源极电路 b) 共漏极电路 c) 共栅极电路

需要理解的是：输入的微弱小信号通过放大电路，输出时幅度得到较大增强，并非来自于晶体管的电流放大作用，其能量的提供来自于放大电路中的直流电源。晶体管在放大电路中只是实现对能量的控制，是转换信号能量，并传递给负载。因此放大电路组成的原则首先是必须有直流电源，而且电源的设置应保证晶体管工作在线性放大电路状态。其次，放大电路中各元器件的参数设置上，要保证被传输信号能够从放大电路的输入端尽量不衰减地输出，在信号传输的过程中能够不失真的放大，最后经放大电路输出端输出，并且满足放大电路的性能指标要求。

综上所述，以晶体管为例，放大电路必须具备以下条件：

• 保证放大电路的核心器件晶体管工作在放大电路状态，即要求其发射结正偏，集电结反偏。

• 输入回路的设置应当是输入信号耦合到晶体管的输入电极，并形成变化的基极电流 i_B，进而产生晶体管的电流控制关系，变成集电极电流 i_C 的变化。

• 输出回路的设置应当保证晶体管放大后的电流信号转换成负载需要的电压形式。

• 信号通过放大电路时不允许失真。

（2）共射放大电路的组成及各部分作用

图 2-4a 所示是一个双电源的单管共发射极放大电路，但由于实际应用中通常采用单电源供电方式，所以实际单电源供电的单管共发射极放大电路如图 2-4b 所示。

固定偏置电阻共发射极放大电路中各个元器件的作用如下。

1）晶体管。

晶体管是放大电路的核心器件。利用其基极小电流控制集电极较大电流的作用，是输入的微弱电信号通过直流电源 U_{CC} 提供的能量，获得一个能量较强的输出电信号。

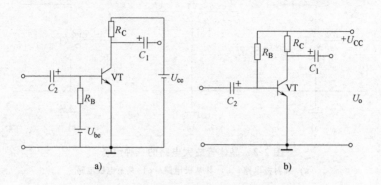

图 2-4　单双电源单管共发射极放大电路

a）双电源　b）单电源

2）集电极电源 U_{CC}。

U_{CC} 的作用有两个：一是为放大电流提供能量；二是保证晶体管的发射结正偏，集电结反偏。交流信号下的 U_{CC} 呈交流接地状态，U_{CC} 的数值一般为几伏至几十伏。

3）集电极电阻 R_C。

R_C 的阻值一般为几千欧至几十千欧。其作用是将集电极的电流变化转换成集电极的电压变化，以实现电压放大。

4）固定偏置电阻 R_B。

R_B 的数值一般为几十千欧至几百千欧。主要作用是保证发射结正向偏置，并提供一定的基极电流，使放大电路获得一个合适的静态工作点。

5）耦合电容 C_1 和 C_2。

两个电容在电路中的作用是通交流隔直流。电容器的容抗和频率成反比关系，因此在直流情况下，电容相当于开路，使放大电路与信号源之间可靠隔离；在电容量足够大的情况下，耦合电容对规定频率范围内交流输入信号呈现的容抗极小，可视为短路，从而让交流信号无衰减的通过。

2.1.3　放大器的直流通路和交流通路

下面以单管共射极放大电路为例，分别介绍直流通路和交流通路的分析方法。

放大电路分析包含两个部分：直流分析又称为静态分析，在直流通路上分析，主要求出电路的直流工作状态（即确定放大电路的工作状态）；交流分析又称为动态分析，在交流通路上分析，主要求出放大电路的电压放大倍数、输入电阻和输出电阻等性能指标，这些指标是设计放大电路的依据。

1. 直流通路

直流通路是指建立放大器工作点的电路。在直流电源的作用下，直流电流流经的通路称为直流通路，直流通路用于研究放大电路的静态工作点。对于直流通路：

• 电容视为开路。

• 电感视为短路。

• 信号源为电压源视为短路，为电流源视为开路，但电源内阻保留。

图 2-5b 为图 2-5a 的直流通路。

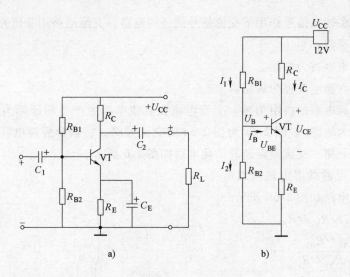

图 2-5 共射极放大电路及直流通路
a）放大电路 b）直流通路

（1）直流通路画法

原则：放大电路中所有电容开路，电感短路，变压器初级线圈和次级线圈之间开路，所剩电路即为直流通路。

原因：$\begin{cases} \omega \longrightarrow 0 \\ \dfrac{1}{j\omega C} \longrightarrow \infty \\ j\omega L \longrightarrow 0 \end{cases}$

（2）静态工作点 Q 的计算方法

• 计算 U_B：一般有 I_1 远大于 I_B，$I_1 \geqslant (5 \sim 10)I_B$

$\begin{cases} S_i : U_{BE} = 0.6 \sim 0.7\text{V} \\ G_e : U_{BE} = 0.2 \sim 0.3\text{V} \\ U_B \approx \dfrac{U_{CC}}{R_{B1} + R_{B2}} \cdot R_{B2} \end{cases}$

• $I_C = \beta I_B \approx I_E = \dfrac{U_B - U_{BE}}{R_E} \Rightarrow I_B = \dfrac{I_E}{\beta}$

$U_{CE} = U_{CC} - I_C \cdot R_C - I_E \cdot R_E \approx U_{CC} - I_C (R_C + R_E)$

（3）等效电源法

• 利用戴维南定理简化基极偏置电路。

其中：$U_B \approx \dfrac{U_{CC}}{R_{B1} + R_{B2}} \cdot R_{B2}$

$I_B = \dfrac{U_B - U_{BE}}{R_E(1 + \beta)}$

- $I_C = \beta I_B$

2. 交流通路

交流通路是在输入信号作用下交流信号流经的通路，交流通路用来研究放大电路的动态参数。对于交流通路：

- 容量大的电容视为短路。
- 无内阻的直流电源视为短路。

由于理想直流电源的内阻为零，交流电流在直流电源上产生的压降为零（直流电源对交流通路而言视为短路）。图 2-6a 为图 2-5a 的交流通路，将耦合旁路电容短路，直流电源对地短路，电感开路，交流通路及其简化电路如图 2-6 所示。

输入回路利用戴维南定理可以简化，对应的简化电路如图 2-6b 所示。

$$R'_S = R_S /\!/ R_{B1} /\!/ R_{B2}$$

$$u'_s = \frac{R_{B1} /\!/ R_{B2}}{R_S + R_{B1} /\!/ R_{B2}} \cdot u_s$$

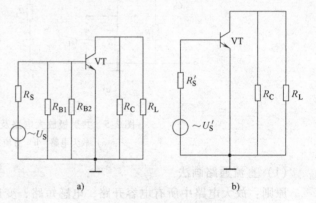

图 2-6 交流通路及其简化电路
a）交流通路 b）简化电路

3. 图解法与动态工作分析

图解法：利用晶体管的特性曲线和外电路特性，通过作图分析放大器工作状态。

（1）直流负载线

把图 2-7a 所示放大电路的输出回路画成直流通路，如图 2-7b 所示，由欧姆定律知 $U_{CE} = U_G - I_C R_C$，在上式中 U_G 和 R_C 为定值，该式是一个反映 U_{CE} 和 I_C 关系的直线方程式，在图 2-8 所示晶体管输出特性曲线族上画出，作法是先由上式找到该直线上的两个特殊点。

短路电流点 M：$U_{CE} = 0$；则 $I_C = U_G / R_C$

开路电压点 N：$I_C = 0$；则 $U_{CE} = U_G$

连接 MN 成直线，直线是对应于直线负载电阻 R_C 作出的，所以称为直流负载线。直流负载线的斜率为 $1/R_C$。

如图 2-8 所示，若给出放大器的静态基极电流 $I_{BQ} = I_{B4}$，则 I_{B4} 输出特性曲线和直流负载线 MN 的交点 Q，即为相应的静态工作点。由 Q 可以很方便地从图上找出相应的 I_{CQ} 和 U_{CEQ} 的值。

（2）交流负载线

有交流信号输入时，放大器集电极电流通过集电极电阻 R_C，而且其中交流分量还能通过 R_L，放大器交流负载电阻示意图如图 2-9 所示。

$R'_L = R_C /\!/ R_L = (R_C R_L / (R_C + R_L))$；$R'_L$ 称为放大器的交流等效负载电阻。

可根据直流负载 R_C 作出直流负载线，它的斜率是 $1/R_C$。用图解法分析放大器动态特性时，也可根据交流等效负载电阻 R'_L 作交流负载线，它斜率是 $1/R'_L$。在有信号输入放大器

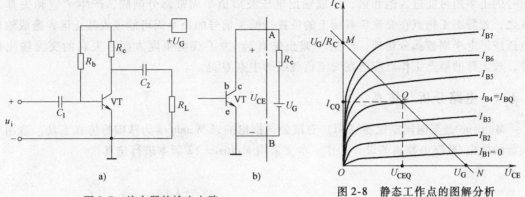

图 2-7 放大器的输出电路
a）原电路 b）输出电路的直流通路

图 2-8 静态工作点的图解分析

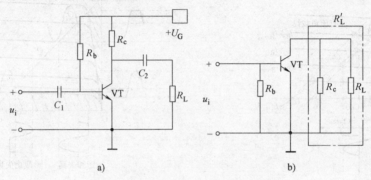

图 2-9 放大器交流负载电阻示意图
a）原电路 b）输出电路的交流通路

时，u_{CE} 和 i_C 的值应在静态工作点附近摆动，当输入信号变到 0 时，这时的 u_{CE} 和 i_C 的值应该是 U_{CEQ} 和 I_{CQ}，所以静态工作点 Q 又可理解为输入信号瞬时值变到零时的动态工作点，可见交流负载线是通过静态工作点的。

作交流负载线的步骤如下。（见图 2-10）

第一步：在输出特性曲线上作直流负载线 MN，并确定静态工作点 Q 的位置。

第二步：在 i_C 轴上确定 $i_C = U_G/R'_L$ 辅助点 D 的位置，并连接 D、N 两点得到斜率为 $1/R'_L$ 的辅助线 DN。

第三步：过静态工作点 Q 作辅助线 DN 的平行线 $M'N'$，即交流负载线。

输出端带负载时放大倍数的图解分析如下。

放大器输入交流信号后，i_B 将随着输入信号的大小而变化，放大倍数的图解分析如图 2-10 所示，若基极电流在最大值 i_{Bmax} 至最小值 i_{Bmin} 之间摆动，则交流负载线与输出特性曲线族的交点也就在 Q_1 至 Q_2 点之间摆动，即直线段 Q_1Q_2 是信号放大过程中动态工作点移动的轨迹，通常称为放大器的动态工作范围。在 u_{CE} 轴上借助于 Q_1、Q、Q_2 可找到与 i_{Bmax} 相对应的 U_{CEmin}、与 I_{BQ} 相对应的 U_{CEQ} 及与 i_{Bmin} 和对应的 U_{CEmax}，从而求出输出电压的幅值 $u_{om} = U_{CEmax} - U_{CEQ}$。从而可求出输出端带负载时，放大器的放大倍数 A_u 的计算公式，如下：

$$A_u = u_{om}/u_{im}$$

4. 静态工作点与波形失真关系的图解

静态工作点和非线性失真如图 2-11 所示，若静态工作点在交流负载线上的位置过高，

27

信号的正半周可能进入饱和区，造成输出电压波形负半周被部分削除，产生"饱和失真"。反之，若静态工作点在交流负载线上的位置过低，信号的负半周可能进入截止区，造成输出电压波形上半周被部分切掉，产生"截止失真"。为了获得幅度大而不失真的交流输出信号，放大器的静态工作点应选在交流负载线的中点 Q 处。

2.1.4 电路分析与仿真

Multisim 是美国国家仪器（NI）有限公司推出的以 Windows 为基础的仿真工具，适用于板级的模拟/数字电路板的设计工作。本文采用 Multisim 12 版本进行仿真。

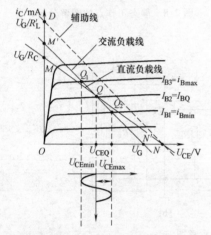

图 2-10 放大倍数的图解分析

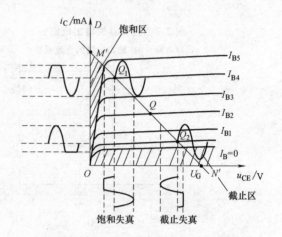

图 2-11 静态工作点和非线性失真

1. 静态工作点的测量

在电路工作时，无论是大信号还是小信号，都必须给半导体器件以正确的偏置，以便使其工作在所需的区域，这就是直流分析要解决的问题。了解电路的直流工作点，才能进一步分析电路在交流信号作用下电路能否正常工作。求解电路的直流工作点在电路分析过程中是至关重要的。在 Multisim12 工作区构造一个单管放大电路，电路中电源电压、各电阻和电容取值如图 2-12 所示。

执行菜单命令 Simulate/Analyses，在列出的可操作分析类型中选择 DC Operating Point，则出现"直流工作点分析"对话框，如图 2-13 所示。单击 2-13 中 Simulate 按钮，测试结果如图 2-14a 所示。根据这些电压的大小，可以确定该电路的静态工作点是否合理。如果不合理，可以改变电路中的某个参数，利用这种方法，可以观察电路中某个元器件参数的改变对电路直流工作点的影响。

1）放大状态。根据图 2-14 a 的静态工作点可得到晶体管各引脚电压：

$U(2) = U_B = 2.31799\text{V}$；$U(3) = U_C = 7.80712\text{V}$；$U(7) = U_E = 1.58416\text{V}$。$U_{CE} = U_C - U_E = 6.22296\text{V}$；$U_{CB} = U_C - U_B = 5.48913\text{V}$；$U_{BE} = U_B - U_E = 0.73383\text{V}$。即发射结正偏，集电结反偏，判定晶体管工作在放大区，放大电路正常工作。

当交流输入信号幅值为 100mV 时，双击示波器可以得到图 2-14b 所示的输入、输出波形，可以看出波形没有失真，而且处于放大状态。

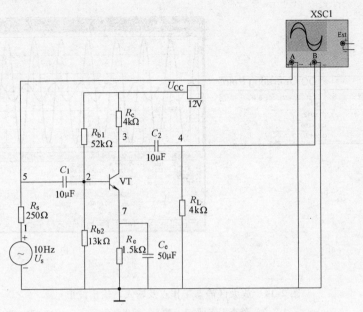

图 2-12   基本放大电路仿真模型

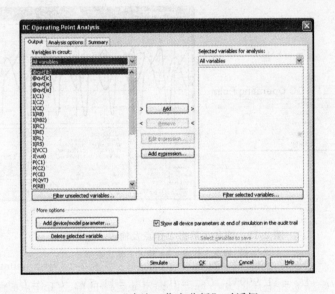

图 2-13   "直流工作点分析"对话框

2）饱和状态。只修改图 2-12 中的 R_{b2} 阻值为 40kΩ，得到图 2-15a 的静态工作点：

$U(2) = U_B = 4.07084V$；$U(3) = U_C = 3.41635V$；$U(7) = U_E = 3.29494V$。$U_{CE} = U_C - U_E = 0.12141V$；$U_{CB} = U_C - U_B = -0.65449V$；$U_{BE} = U_B - U_E = 0.7759V$。

即发射结正偏，集电结正偏，判定晶体管工作在饱和区，放大电路无法正常工作。将输入信号幅值设置为 100mV 后，得到的输入、输出波形如图 2-15b 所示，可以看出明显失真了。

3）截止状态。将图 2-12 的 R_{b2} 阻值改成 300kΩ（其他值保持不变），重新仿真得到图 2-16a 的静态工作点：$U(2) = U_B = 498.36923mV$；$U(7) = U_E = 0.3573mV$；$U(3) = U_C =$

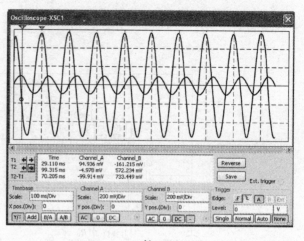

图 2-14 放大区静态工作点及输入、输出波形

a）静态工作点　b）输入、输出波形

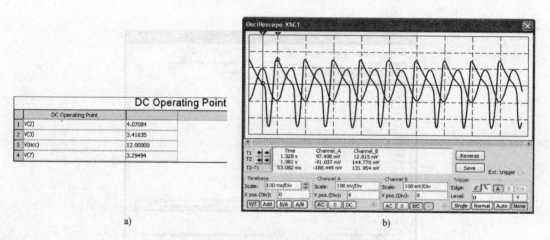

图 2-15 饱和区静态工作点及输入、输出波形

a）静态工作点　b）输入、输出波形

11.999V。$U_{CE} = U_C - U_E = 11.999V$；　$U_{CB} = U_C - U_B = 11.5V$；　$U_{BE} = U_B - U_E = 0.498V$。即发射极反偏，集电极反偏，判定晶体管工作在截止区，放大电路无法正常工作。将输入信号幅值设置为 100mV 后，得到的输入输出波形如图 2-16b，可以看出明显失真了。

4）非线性失真。当图 2-12 的输入信号幅值设置为 500mV（其他值保持不变），此时的静态工作点不变，即仍然处于放大区。此时得到的输入、输出波形如图 2-17 所示，输出波形出现了明显的非线性失真。由此说明，由于晶体管的非线性特性，基本放大电路仅适合小信号放大。

2. 动态参数的测试

1）电压放大倍数。在图 2-12 电路中用鼠标双击示波器图标，从示波器面板上观测到输入、输出信号电压值，可以得到电压放大倍数值 $A_u = U_o / U_i$。

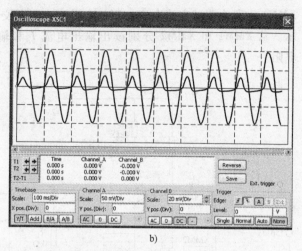

	DC Operating Point	
	DC Operating Point	
1	V(2)	498.36923 m
2	V(3)	11.99906
3	V(ucc)	12.00000
4	V(7)	357.33362 u

a)   b)

图 2-16 截止区静态工作点及输入、输出波形

a) 静态工作点 b) 输入、输出波形

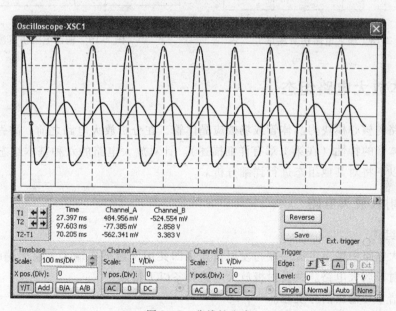

图 2-17 非线性失真

2) 输入电阻的测试。根据输入电阻的测试方法，在输入回路中接入万用表 XMM1 和 XMM2，输入电阻仿真测试如图 2-18 所示。单击"运行"开关后，分别从 XMM1 和 XMM2 中读出电流值 I_i 和电压值 U_i，得到输入电阻 $r_i = U_i/I_i$。

3) 输出电阻的测试。

方法一：在图 2-12 所示电路中，首先测得空载时的输出电压 U_o'，然后将负载电阻 R_L 接入，测得有负载时的输出电压 U_o。根据如下公式计算输出电阻。

$$r_o = \frac{U_o' - U_o}{U_o} \cdot R_L$$

31

方法二：将负载电阻开路，信号源短路，在输入回路中接入万用表 XMM1 和 XMM2，XMM1 设置为测试交流电流，XMM2 设置为测试交流电压，输出电阻仿真测试如图 2-19 所示。从 XMM1 和 XMM2 分别读出输出电流 I_o 和输出电压 U_o 值。根据 $r_o = U_o/I_o$ 计算输出电阻。

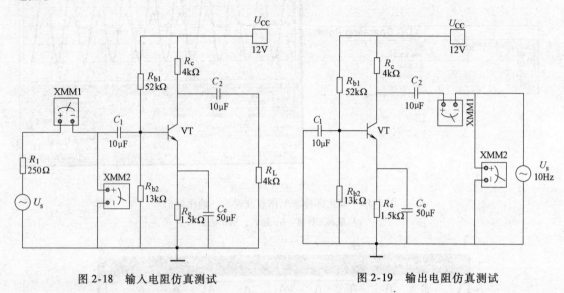

图 2-18 输入电阻仿真测试   图 2-19 输出电阻仿真测试

2.2 基本放大电路组态

放大电路的核心模块为晶体管或场效应晶体管，在分析放大电路之前，需先熟悉晶体管和场效应晶体管的特性（在第 1 章有详细描述）。针对放大电路的六种基本组态，除共栅放大电路外，以下将对其他组态进行详细分析。

2.2.1 共射极放大电路

1. 电路组成

电子放大电路中输出电源一端与发射极连接即共用发射极作输入、输出端电位参考点，被称为共发射极放大电路。共发射极放大电路具备以下特点：

- 输入信号与输出信号反相。
- 有电压放大作用。
- 有电流放大作用。
- 与共集电极、共基极比较，功率增益最高。
- 适用于电压放大与功率放大电路。

图 2-20 所示为典型共射极基本放大电路图。电路元器件组成如下所述。

VT：NPN 型晶体管，为放大器件。

U_{CC}：为输出信号提供能量。

R_C：当 i_C 通过 R_C，将电流的变化转化为集电极电压的变化，传送到电路的输出端。

U_B、R_{B1}、R_{B2}：为发射结提供正向偏置电压，提供静态基极电流（静态基流）。

C_1、C_2、C_E：为隔直电容或耦合电容。

R_S：为输入电源内阻。

R_L：为负载电阻。

R_E：发射极偏置电阻。

组成放大电路的原则如下：

- 外加直流电源的极性必须使发射结正偏，集电结反偏，则有：$\Delta i_C = \beta \Delta i_B$。

- 输入回路的接法应使输入电压Δu_i能够传送到晶体管的基极回路，使基极电流产生相应的变化量Δi_B。

- 输出回路的接法应使变化量Δi_C能够转化为变化量Δu_{CE}，并传送到放大电路的输出端。

- 有合适的静态工作点，使晶体管工作在放大区（输入信号为双极性信号，如正弦波。如脉冲波时，工作点可适当靠近截止区或饱和区）。

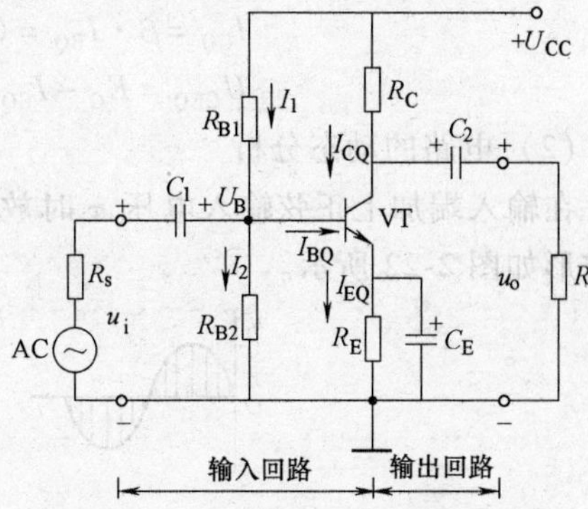

2. 工作原理

共发射极基本放大器电路如图 2-21a 所示，设置电路各元器件取值如下：

$R_B = 470\text{k}\Omega$；$E_C = 20\text{V}$；$R_C = 6\text{k}\Omega$；$R_L = 6\text{k}\Omega$；$\beta = 45$。

图 2-20 典型共射极基本放大电路图

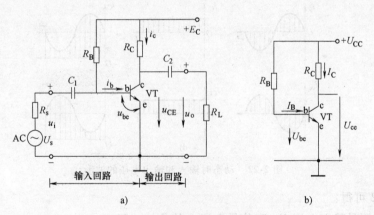

图 2-21 共发射极基本放大器电路

a）放大电路 b）直流通路

接下来分别介绍静态工作点和动态电路。

（1）电路的静态分析

静态时放大器的输入交流信号电压为零，即$u_i = 0$。此时静态工作点I_{BQ}、I_{CQ}和U_{CEQ}均为定值。直流等效电路如图 2-21b。

由图可知：$U_{CC} = I_{BQ} R_B + U_{BEQ}$

可得出静态工作点计算公式：

$$I_{BQ} = \frac{U_{CC} - U_{BEQ}}{R_B} \approx \frac{U_{CC}}{R_B}$$

$$I_{CQ} = \beta \cdot I_{BQ}$$

$$U_{CEQ} = U_{CC} - I_{CQ}R_C$$

代值计算得到静态工作点如下：

$$I_{BQ} = \frac{U_{CC} - U_{BEQ}}{R_B} = \left(\frac{20 - 0.7}{470}\right) mA \approx 40\mu A$$

$$I_{CQ} = \beta \cdot I_{BQ} = (45 \times 40 \times 10^{-3}) mA = 1.8 mA$$

$$U_{CEQ} = E_C - I_{CQ}R_C = (20 - 1.8 \times 6) V = 9.2 V$$

（2）电路的动态分析

在输入端加上正弦输入电压 u_i 时放大器的工作状态称为动态。动态时输入和输出电压的波形如图 2-22 所示。

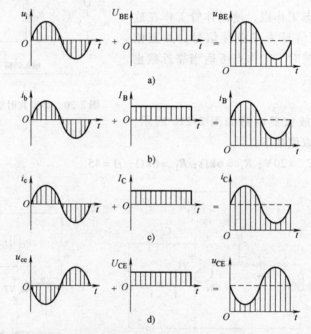

图 2-22 动态时输入和输出电压的波形

由图 2-22 可得：

基极总电压是静态电压 U_{BE} 和信号电压 u_i 的叠加，即：

$$u_{BE} = U_{BEQ} + u_i$$

同理，基极总电流也是静态基极电流 I_{BQ} 和交变信号电流 i_b 的叠加。即：

$$i_B = I_{BQ} + i_b$$

由于工作在放大区，此时有：

$$i_c = \beta i_b$$

同理得到：

$$i_C = \beta i_B = \beta I_{BQ} + \beta i_b = I_{CQ} + i_c$$

可见，集电极总电流也是由静态电流 I_{CQ} 和信号电流 i_c 叠加的。

同样，集电极总电压也是由静态电压 U_{CEQ} 和交变信号电压 u_{ce} 叠加的。即：

$$u_{CE} = U_{CC} - i_C R_C = U_{CC} - (I_{CQ} + i_c) R_C$$
$$= U_{CC} - I_{CQ} R_C - i_c R_C$$
$$= U_{CEQ} + u_{ce}$$

由于电容 C_2 的隔直作用，放大器的输出端只有集电极总电压 u_{CE} 的交流分量 u_{ce}，所以输出交流电压为：

$$u_o = -u_{ce} = -i_c R_C$$

其中，负号表示输出电压 u_o 与 i_c 是反相关系。这是共发射极放大器的重要特点。

3. 共射极放大器的图解分析法

（1）静态情况下的图解分析法

画出直流通路如图 2-21 b 所示。

静态工作点是指输入交流信号电压 u_i 等于零时放大器的 U_{BEQ}、I_{BQ}、I_{CQ} 和 U_{CEQ} 四个参数。其中 $U_{BEQ} = 0.7V$ 是个常数，其余三个参数用下面方法确定。

$$I_{BQ} = \frac{U_{CC} - U_{BEQ}}{R_B} \approx \frac{U_{CC}}{R_B}$$

在输入特性曲线（如图 2-23 a 所示）上过 I_{BQ} 作水平线交曲线于 Q 点，即为静态工作点，过 Q 点作垂线交横轴一点，即为 U_{BQ}。

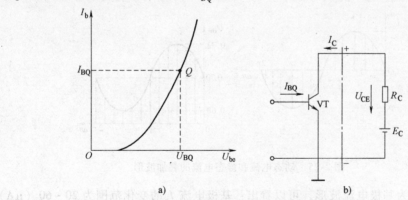

图 2-23　输入特性曲线及输出回路

a）输入特性曲线　b）直流通路的输出回路

为了图解分析 I_{CQ}、U_{CEQ} 的值，画出直流通路的输出回路如图 2-23 b 所示：

由图 2-23 b 可知，虚线左边是非线性器件晶体管，可用其输出特性曲线表示。右边是线性电路，可列出 I_C 和 U_{CE} 的关系为：

$$U_{CE} = U_{CC} - I_C R_C$$

对于给定放大器，E_C 和 R_C 是定值，因此，这是一个直线方程。晶体管输出特性曲线如图 2-24 所示。找出以下两个特殊点。

令：$U_{CE} = 0$，则：$I_C = U_{CC}/R_C$，得 M 点。

令：$I_C = 0$，则：$U_{CE} = U_{CC}$，得 N 点。

连接 M、N 两点，直线 MN 就是直流负载线，如图 2-24 所示。

直流负载线的斜率为：

$$\tan\alpha = -\frac{U_{CC}/R_C}{U_{CC}} = \frac{1}{R_C}$$

由图 2-24 可以看出：直流负载线 MN 交曲线 $I_B = i_{BQ}$ 于 Q 点，Q 点就是放大器的静态工作点。

由 Q 点向横轴引垂线，交点就是 U_{CEQ}；再由 Q 点向纵轴引垂线，交点就是 I_{CQ}。

一般来说，为了使放大电路的输出电压幅度尽可能大，而非线性失真小，需将静态工作点设置在交流负载线中段稍下一点。

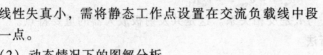

图 2-24　直流负载线

（2）动态情况下的图解分析

1）输入回路的图解分析。

设信号电压为：$u_i = U_{im}\sin\omega t$

则基极总电压为：$u_{BE} = U_{BEQ} + u_i = U_{BEQ} + U_{im}\sin\omega t$，是信号电压 u_i 和静态电压 U_{BEQ} 的叠加。

基极总电流为：$i_B = I_{BQ} + i_b = I_{BQ} + I_{im}\sin\omega t$

它也是信号电流 i_b 和静态电流 I_{BQ} 的叠加值。设：$U_{im} = 0.02\text{V}$，动态电流和静态电流的叠加波形如图 2-25 所示。

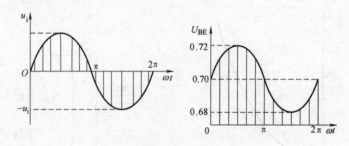

图 2-25　动态电流和静态电流的叠加波形

图 2-26 所示为基极电流波形，可以看出：基极电流 I_b 的变化范围为 20～60（μA）。

根据方程：$u_{ce} = -i_c R'_L$，可在晶体管的输出特性曲线族上作出直线 LF。

直线的斜率为：$\tan\alpha' = \dfrac{i_c}{u_{ce}} = -\dfrac{1}{R'_L}$

称为放大器的交流负载线，交流负载线的作法如下。

第一种方法：在输出特性曲线族图上作出交流负载线 MN，如图 2-28 所示。

2）输出回路的图解分析。

交流通路如图 2-27 所示。

按图标电压、电流正方，集电极回路外电路部分伏安特性为：$u_{ce} = -i_c R'_L$

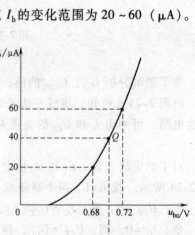

图 2-26　基极电流波形

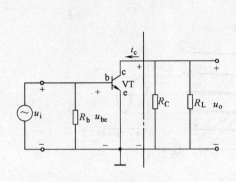

图 2-27 交流通路图

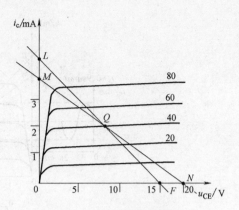

图 2-28 交流负载线

其中：$R' = R_C // R_L$

称为集电极交流等效电阻。

动态时，u_{ce} 和 i_c 在 Q 点近移动，可见交流负载线是通过 Q 点的，因此可以再找出一点，即可作出交流负载线，此点为：

$$F(U_{CEQ} + I_{CQ}R'_L, 0)$$

连接 FQ，并延长 FQ 交纵轴于 L 点，直线 LF 即是交流负载线，如图 2-28 所示。

第二种方法：

① 在晶体管输出特性曲线上作出直流负载线 MN，如图 2-29a 所示。

② 在纵轴上确定辅助点 D 的位置。由于：

$$U_{CE} = U_{CC} - i_c R'_L$$

令：$i_c = 0$，则：$U_{CE} = U_{CC}$，得 N 点。

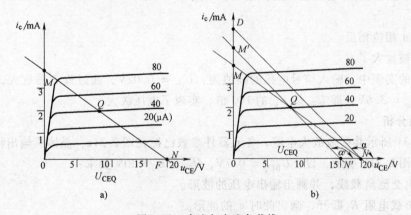

图 2-29 直流与交流负载线

a) 直流负载线 b) 交流负载线

连接 D、N 两点，可得斜率为 $-1/R'$ 的辅助线 DN。

③ 过 Q 点作辅助线 DN 的平行线 $M'N'$ 它就是交流负载线，如图 2-29b 所示。

当 i_b 在 $20 \sim 60\mu A$ 变化时，i_c 和 u_{ce} 随之变化的静态工作点的输出波形曲线如图 2-30 所示。

由图 2-30 可以看出，i_b 的微小变化，引起 i_c 较大的变化，因而引起 u_{ce} 发生变化。i_C 和

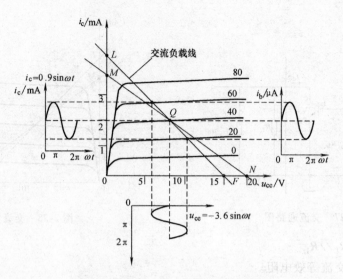

图 2-30　静态工作点的输出波形曲线

u_{cE} 分别在 I_{CQ} 和 U_{CEQ} 的基础上按正弦规律变化，即：

$$i_C = I_{CQ} + I_{cm}\sin\omega t$$

$$u_{CE} = U_{CEQ} + U_{cem}\sin(\omega t + \pi)$$

由于 C_2 的隔直作用，只有集电极交流分量 u_{ce} 送到了输出端。即放大器放大后的输出信号为：

$$u_o = u_{ce} = U_{cem}\sin(\omega t + \pi)$$

由图 2-30 可知，i_b 在 $20 \sim 60\mu A$ 之间波动，i_c 在 $0.9 \sim 2.7mA$ 之间波动，由此引起 u_{ce} 在 $5.6 \sim 12.8V$ 之间波动，输出电压的幅值为：$U_{cem} = 3.6V$。

结论：

- u_o 和 u_i 相位相反。
- 信号被放大了。

在前面的实例中，输入信号电压的幅值为：$U_{im} = 0.02V$，通过放大器放大，输出电压幅值为：$U_{om} = 3.6V$，即 U_{om} 是 U_{im} 的 180 倍，实现了电压放大。

4. 例题分析

如图 2-31 所示共射极放大电路，各元器件参数已标在图 2-31a，晶体管输出特性曲线也已给出，如图 2-31b 所示，设：$U_{BEQ} = 0.7V$，$U_{CC} = E_C = 20V$ 要求：

1）作出交流负载线，并画出输出电压的波形。

2）若负载电阻 R_L 断开，画出此时 u_o 的波形。

解：第一步：作出直流负载线，并根据 I_{BQ} 确定出静态工作点的位置。根据：

$$U_{CE} = U_{CC} - I_C R_C$$

令 $U_{CE} = 0$，得 M 点：$M\left(\dfrac{20V}{2.5k\Omega} = 8mA,\ 0\right)$

令 $I_C = 0$，得 N 点：$N(0,\ 20V)$

作直线 MN，即为直流负载线。

再求出：

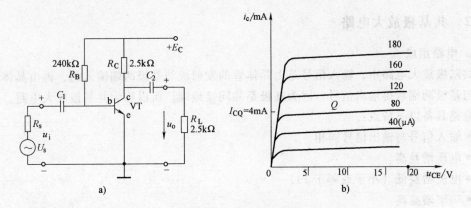

图 2-31 共射极放大电路及晶体管输出特性曲线

a) 共射放大电路 b) 晶体管输出特性曲线

$$I_{BQ} = \frac{U_{CC} - U_{BEQ}}{R_B} = \left(\frac{20 - 0.7}{240} \right) mA = 80 \mu A$$

则直流负载线 MN 与 $I_{BQ} = 80$ 的输出特性曲线的交点 Q，即为静态工作点。由图 2-32 可得：$I_{CQ} = 4mA$，$U_{CQ} = 10V$。

第二步：在纵轴上确定辅助点 D 的位置。由于 $U_{CE} = U_{CC} - i_c R'_L$，令：$i_c = 0$，则：$U_{CE} = U_{CC}$。此点即为 N 点。连接 D、N 两点，过 Q 点作 $M'N'$ 平行于 DN，直线 $M'N'$ 就是交流负载线，如图 2-33 a 所示。

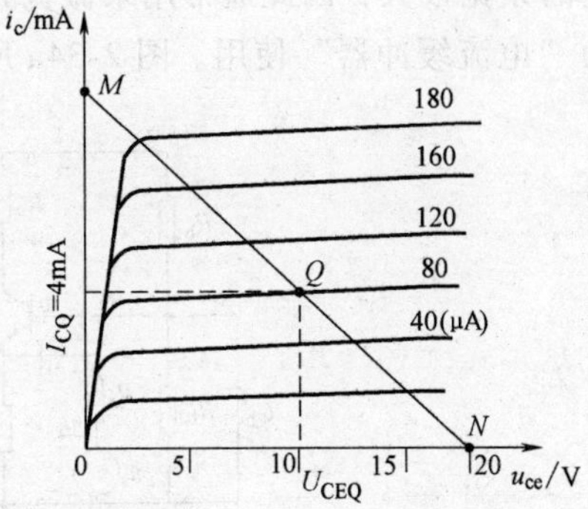

由图 2-33 可以看出：当 I_b 在 $40 \sim 120 \mu A$ 变动时，u_{ce} 的变动如图 2-33a 所示，当 R_L 断开时，u_{ce} 的变动如图 2-33b 所示，可见，放大器带上负载后，放大倍数 A_u 变小了。

图 2-32 静态工作点

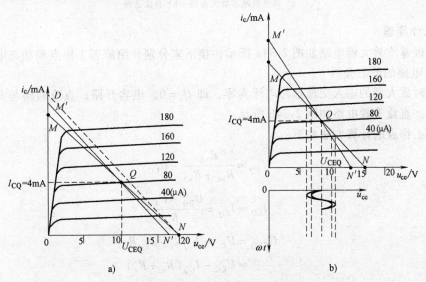

图 2-33 交流负载线及输出电压波形

a) 交流负载线 b) 输出电压波形

2.2.2 共基极放大电路

1. 电路组成

共基极放大电路中，输入信号是由晶体管的发射极与基极两端输入的，再由晶体管的集电极与基极两端获得输出信号，因为基极是共同接地端，所以称为共基极放大电路。共基极放大电路具备以下特点：

- 输入信号与输出信号同相。
- 电压增益高。
- 电流增益低（小于或等于1）。
- 功率增益高。
- 适用于高频电路。

共基极放大电路的输入阻抗很小，会使输入信号严重衰减，不适合作为电压放大器。但它的频宽很大，因此通常用来做宽频或高频放大器。在某些场合，共基极放大电路也可以作为"电流缓冲器"使用。图2-34a所示为典型共基极基本放大电路图。

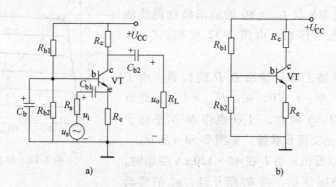

图 2-34 共基极基本放大电路及直流通路
a）共基极基本放大电路 b）直流通路

2. 工作原理

共基极基本放大器电路如图2-34a所示，接下来分别介绍静态工作点和动态电路。

（1）电路的静态分析

静态时放大器的输入交流信号电压为零，即 $U_i = 0$。电容开路，直流通路与共射极偏置电路相同。直流等效电路如图2-34b所示。

静态工作点的计算方法如下：

$$U_{BQ} \approx \frac{R_{b2}}{R_{b1} + R_{b2}} \cdot U_{CC}$$

$$I_{CQ} \approx I_{EQ} = \frac{U_{BQ} - U_{BEQ}}{R_e}$$

$$U_{CEQ} = U_{CC} - I_{CQ}R_c - I_{EQ}R_e$$

$$\approx U_{CC} - I_{CQ}(R_c + R_e)$$

$$I_{BQ} = \frac{I_{CQ}}{\beta}$$

（2）电路的动态分析

在输入端加上正弦输入电压 u_s，这时放大器的工作状态称为动态。动态时输入和输出电压如图 2-35a 所示。相对应的小信号等效电路如图 2-35b 所示。

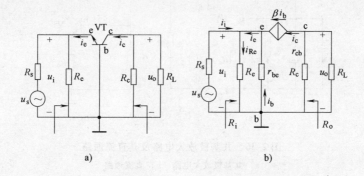

a)   b)

图 2-35　输入和输出电压及小信号等效电路

a）输入和输出电压　b）小信号等效电路

动态指标计算方法如下：

• 电压增益

输入回路：$u_i = -i_b r_{be}$

输出回路：$u_o = -\beta i_b R_L'$

电压增益：$A_u = \dfrac{u_o}{u_i} = \dfrac{\beta R_L'}{r_{be}}$；$R_L' = R_c /\!/ R_L$

• 输入电阻

$$i_i = i_{R_e} - i_e = i_{R_e} - (1 + \beta) i_b$$

$$i_{R_e} = u_i / R_e$$

$$i_b = -u_i / r_{be}$$

$$R_i = u_i / i_i = u_i \bigg/ \left(\frac{u_i}{R_e} - (1 + \beta) \frac{-u_i}{r_{be}} \right) = 1 \bigg/ \left(\frac{1}{R_e} + \frac{1}{r_{be} / (1 + \beta)} \right)$$

• 输出电阻

$$R_o \approx R_c$$

3. 例题分析

共基极放大电路如图 2-36a 所示。已知 $R_s = 20\Omega$，$R_e = 2k\Omega$，$R_{b1} = 22k\Omega$，$R_{b2} = 10k\Omega$，$R_c = 3k\Omega$，$R_L = 27k\Omega$，$U_{cc} = 10V$，晶体管的 $U_{BE} = 0.7V$，$\beta = 50$，$r_{bb} = 100\Omega$，试计算：

1）静态工作点 Q（I_{BQ}、I_{CQ}、U_{CEQ}）；

2）输入电阻 R_i 和输出电阻 R_o；

3）电压放大倍数 A_u、A_{us}。

解：1）计算静态工作点 Q（I_{BQ}、I_{CQ}、U_{CEQ}），先将题中的电路图画出对应的直流通路如图 2-36b 所示。

$$U_{BQ} = \frac{R_{b2}}{R_{b1} + R_{b2}} \cdot U_{CC} = \left(\frac{10}{22 + 10} \times 10 \right) V \approx 3.1V$$

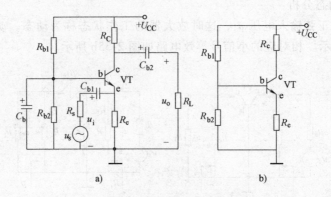

图 2-36　共基极放大电路及其直流通路

a）共基极放大电路　b）直流通路

$$I_{EQ} = \frac{U_{BQ} - U_{BEQ}}{R_e} = \left(\frac{3.1 - 0.7}{2}\right) mA = 1.2 mA$$

$$I_{CQ} \approx I_{EQ} = 1.2 mA$$

$$U_{CEQ} = U_{CC} - I_{CQ}R_c - I_{EQ}R_e \approx U_{CC} - I_{CQ}(R_c + R_e) = (10 - 1.2 \times (3 + 2)) V = 4V$$

2）计算输入电阻 R_i 和输出电阻 R_o，先画出共基极交流通路如图 2-37a 所示，对应的小信号等效电路如图 2-37b 所示。

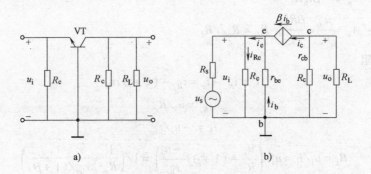

图 2-37　共基极交流通路及小信号等效电路

a）交流通路　b）小信号等效电路

$$r_{be} = r_{bb} + (1 + \beta)\frac{U_T}{I_{EQ}} = \left[100 + (1 + 50) \times \frac{26}{1.2}\right]\Omega = 1.2 k\Omega$$

$$R_i = R_e // \frac{r_{be}}{1 + \beta} = 2000 // \frac{1.2}{1 + 50} \times 10^3 = 23\Omega$$

$$R_o = R_c = 3 k\Omega$$

3）计算电压放大倍数 A_u、A_{us}。

$$A_u = \frac{\beta R_L'}{r_{be}} = \frac{50 \times (3//27)}{1.2} = 113$$

$$A_{us} = \frac{u_o}{u_s} = \frac{R_i}{R_s + R_i} \cdot A_u = \frac{23}{20 + 23} \times 113 = 60$$

42

2.2.3 共集电极放大电路

1. 电路组成

在共集电极放大电路中，输入信号是由晶体管的基极与集电极两端输入的，再在交流通路里看，输出信号由晶体管的集电极与发射极两端获得。因为对交流信号而言，即交流通路里，集电极是共同接地端，所以称为共集电极放大电路。共集电极放大电路具备以下特点：

- 输入信号与输出信号同相。
- 无电压放大作用，电压增益小于 1 且接近于 1，因此共集电极电路又有"电压跟随器"之称。
- 电流增益高，输入回路中的电流 i_B 远小于输出回路中的电流 i_E 和 i_C。
- 有功率放大作用。
- 适用于作功率放大和阻抗匹配电路。
- 在多级放大器中常被用作缓冲级和输出级。

共集电极电路如图 2-38a 所示，该电路也称为射极输出器。

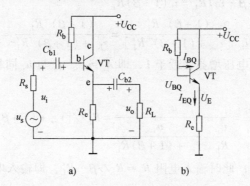

图 2-38 共集电极电路及其直流通路

a) 共集电极电路 b) 直流通路

2. 工作原理

共集电极基本放大器电路如图 2-38a 所示，接下来分别介绍静态工作点和动态电路。

（1）电路的静态分析

静态时放大器的输入交流信号电压为零，即 $U_s = 0$；电容开路。直流电路如图 2-38b 所示。

由
$$\begin{cases} U_{CC} = I_{BQ}R_b + U_{BEQ} + I_{EQ}R_e \\ I_{EQ} = (1+\beta)I_{BQ} \end{cases}$$

得 $I_{BQ} = \dfrac{U_{CC} - U_{BEQ}}{R_b + (1+\beta)R_e}$；$I_{CQ} = \beta \cdot I_{BQ}$；$U_{CEQ} = U_{CC} - I_{EQ}R_e \approx U_{CC} - I_{CQ}R_e$

（2）电路的动态分析

在输入端加上正弦输入电压 U_s，这时放大器的工作状态称为动态。动态时输入和输出电压如图 2-39a 所示。

相对应的小信号等效电路如图 2-39b 所示。

动态指标计算方法：

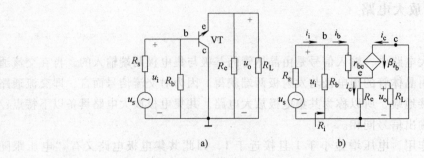

图 2-39 共集电极交流通路及小信号等效电路

a）交流通路　b）小信号等效电路

- 电压增益

输入回路：$u_i = i_b r_{be} + (i_b + \beta \cdot i_b) R_L' = i_b r_{be} + i_b (1+\beta) R_L'$

其中，$R_L' = R_e // R_L$

输出回路：$u_o = (i_b + \beta \cdot i_b) R_L' = i_b (1+\beta) R_L'$

电压增益：$A_u = \dfrac{u_o}{u_i} = \dfrac{i_b \ (1+\beta) \ R_L'}{i_b \ [r_{be} + (1+\beta) \ R_L']} = \dfrac{(1+\beta) \ R_L'}{r_{be} + (1+\beta) \ R_L'} \approx \dfrac{\beta \cdot R_L'}{r_{be} + \beta \cdot R_L'} < 1$

一般 $\beta \cdot R_L' \gg r_{be}$，则电压增益接近于 1，即 $A_u \approx 1$。u_o 与 u_i 同相。

- 输入电阻

$$R_i = \frac{u_i}{i_i} = \frac{u_i}{\dfrac{u_i}{R_b} + \dfrac{u_i}{r_{be} + (1+\beta) R_L'}} = R_b // [r_{be} + (1+\beta) R_L']$$

当 $\beta \gg 1$，$\beta \cdot R_L' \gg r_{be}$；此时输入电阻 $R_i \approx R_b // \beta \cdot R_L'$，即输入电阻大，且与负载有关。

- 输出电阻

由电路列出方程。

$$\begin{cases} i_o = i_b + \beta i_b + i_{R_e} \\ i_b = u_o/(r_{be} + R_s') \\ u_o = i_{R_e} R_e \end{cases}$$

其中，$R_s' = R_s // R_b$，则输出电阻：

$$R_o = \frac{u_o}{i_o} = R_e // \frac{R_s' + r_{be}}{1 + \beta}$$

当 $R_e \gg \dfrac{R_s' + r_{be}}{1+\beta}$，$\beta \gg 1$ 时，$R_o \approx \dfrac{R_s' + r_{be}}{\beta}$，输出电阻小。

3. 例题分析

放大电路如图 2-38a 所示，已知 $R_b = 240\text{k}\Omega$，$R_e = 5.6\text{k}\Omega$，$R_L = 5.6\text{k}\Omega$，$U_{CC} = 10\text{V}$，$R_s = 10\text{k}\Omega$，硅晶体管的 $\beta = 40$，$U_{BE} = 0.7\text{V}$，试求：

1）静态工作点。

2）A_u、r_i 和 r_o 值。

解：1）静态工作点包括：I_{BQ}、I_{CQ} 和 U_{CEQ}。

按照公式 $I_{BQ} = \dfrac{U_{CC} - U_{BEQ}}{R_b + (1+\beta) R_e}$，计算得到：$I_{BQ} = \left(\dfrac{10 - 0.7}{240 + 41 \times 5.6}\right)\text{mA} \approx 0.0198(\text{mA})$；

$I_{CQ} \approx I_{EQ} = \beta I_{BQ}$，计算得到：$I_{CQ} = (40 \times 0.0198)\text{mA} = 0.792(\text{mA})$

$U_{CEQ} = U_{CC} - I_{EQ} R_e$，计算得到：$U_{CEQ} = (10 - 0.792 \times 5.6)\text{V} \approx 5.56(\text{V})$

2）动态参数计算：

$$r_{be} = r'_{bb} + (1+\beta) \times \dfrac{26\text{mV}}{I_{EQ}} = \left(300 + 41 \times \dfrac{26}{0.792}\right)\Omega \approx 1.65\text{k}\Omega$$

$$R'_L = R_e // R_L = \left(\dfrac{5.6 \times 5.6}{5.6 + 5.6}\right)\text{k}\Omega = 2.8\text{k}\Omega$$

$$A_u = \dfrac{u_o}{u_i} = \dfrac{(1+\beta) R'_L}{r_{be} + (1+\beta) R'_L} = \dfrac{41 \times 2.8}{1.65 + 41 \times 2.8} \approx 0.986$$

$$r_i = R_b // [r_{be} + (1+\beta) R'_L] = 240 // [1.65 + 41 \times 2.8] \approx 78.4\text{k}\Omega$$

$$r_o = R_e // r'_o = R_e // \dfrac{r_{be} + r_s // R_b}{1+\beta} = 5.6 // \dfrac{1.65 + 10 // 240}{41} \approx 261\Omega$$

2.2.4 共源放大电路

1. 电路组成及工作原理

场效应晶体管共源放大电路如图 2-40a 所示，共源放大电路同样按照两步分析：直流通路静态工作点分析和动态分析。图 2-40b 所示为共源放大电路的直流通路；图 2-41 所示为共源放大器小信号等效电路。共源放大电路都是根据这两个电路图进行分析。

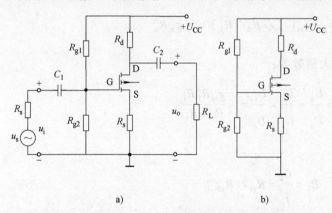
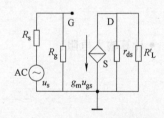

图 2-40　场效应晶体管共源放大电路及直流通路　　　　图 2-41　共源放大器小信号等效电路

a）场效应晶体管共源放大电路　b）直流通路

计算图 2-40a 中所示的中频电压放大倍数。先进行静态计算，确定放大电路是工作在线性区。

（1）直流偏置及静态分析

根据图 2-40b 的直流通路，有：

$$U_G = \dfrac{R_{g2} U_{CC}}{R_{g1} + R_{g2}}$$

$$U_{GSQ} = U_G - U_S = U_G - I_{DQ} R_s$$

$$I_{DQ} = I_{DSS}\left(1 - \frac{U_{GSQ}}{U_{GS(off)}}\right)^2$$

$$U_{DSQ} = U_{CC} - I_{DQ}(R_d + R_s)$$

因 I_{DQ} 是二次方程，需要从中确定一个合理的解。一般可根据静态工作点是否合理，栅源电压是否超出了夹断电压，漏源电压是否进入饱和区等情况确定。

注意以上计算是针对由耗尽型场效应晶体管构成的放大电路，若放大电路采用的是增强型场效应晶体管，则应采用下式计算漏极电流：

$$i_D = I_{DQ}\left(\frac{u_{GS}}{U_{GS(th)}} - 1\right)^2$$

$$u_{GS} = 2U_{GS(th)}$$

式中 I_{DQ} 是 $u_{GS} = 2U_{GS(th)}$ 时对应的 i_D。

（2）动态分析

将图 2-40a 放大电路的微变等效电路画出，如图 2-41 所示。

• 计算电压放大倍数：

$$r_{ds} = \frac{1}{\lambda I_{DQ}}, \quad \lambda \text{ 为转移特性曲线参数。}$$

$$\dot{U}_o = -g_m \dot{U}_{gs}(r_{ds} // R_L'), \quad \text{其中：} R_L' = R_d // R_L$$

因为 $\dot{U}_i = \dot{U}_{gs}$，所以源电压增益为：

$$\dot{A}_u = \frac{\dot{U}_o}{\dot{U}_i} = -g_m(r_{ds} // R_d // R_L) = -g_m R_L''$$

如果有信号源内阻 R_s，电压放大倍数为：

$$\dot{A}_u = \frac{\dot{U}_o}{\dot{U}_s} = \frac{\dot{U}_i}{\dot{U}_s} \times \frac{\dot{U}_o}{\dot{U}_i} = -\frac{g_m R_L'' R_i}{R_i + R_s}$$

• 计算输入电阻：

$$R_i = \frac{\dot{U}_i}{\dot{I}_i} = R_{g1} // R_{g2}$$

场效应晶体管具有输入电阻高的特点，但是由于偏置电阻并联的影响，其输入电阻并不一定高。采用图 2-42 所示为分压式偏置电路可以提高场效应晶体管放大电路的输入电阻。

如图 2-42 所示电路的栅极分压电阻 R_{g1} 和 R_{g2} 经过一个较大的电阻 R_{g3} 接到栅极，因栅流等于 0，R_{g3} 的串入不影响栅极电位。而交流信号则经过耦合电容器直接接到栅极，它的微变等效电路基本与图 2-41 类似，只增加了一个 R_{g3} 电阻。可以得到输入电阻：

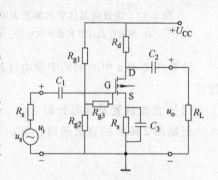

图 2-42　分压式偏置电路图

$$R_i = R_{g3} + \frac{R_{g1} R_{g2}}{R_{g1} + R_{g2}}$$

- 计算输出电阻：

根据输出电阻的定义，令源电压等于0，负载电阻开路，并在输出端增加一个测试电源，可得到输出电阻的微变等效电路，可以得到输出电阻：

$$R_o = \frac{\dot{U}_o'}{\dot{I}_o'} = r_{ds} // R_d$$

2.2.5 共漏放大电路

共漏极放大电路如图 2-43a 所示。由图可见，共漏极放大电路的直流偏置电路与共源极放大电路完全相同，静态工作点的分析方法也和共源极放大电路相同，但输出电压从源极取出。交流通路和微变等效电路如图 2-43b 所示。

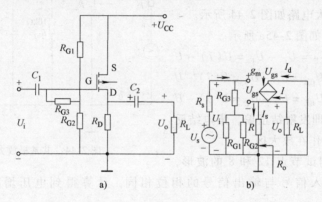

图 2-43　共漏放大电路及其交流通路和微变等效电路

a）共漏放大电路　b）交流通路和微变等效电路

下面进行动态分析，计算电压放大倍数、输入电阻和输出电阻。

- 电压放大倍数由图 2-43b 可得

$$U_i = U_{gs} + g_m U_{gs} (R // R_L)$$

$$U_o = g_m U_{gs} (R // R_L)$$

$$A_u = \frac{U_o}{U_i} = \frac{g_m (R // R_L)}{1 + g_m (R // R_L)} \approx 1$$

- 输入电阻：

$$R_i \approx R_{G3} + (R_{G1} + R_{G2})$$

- 输出电阻

根据求放大器输出电阻的定义，令 $U_s = 0$，$R_L = \infty$，保留信号源内阻，于是可画出求共源极放大电路输出电阻，根据 KCL 有：

$$I = I_s - g_m U_{gs} = \frac{U}{R} - g_m U_{gs}$$

$$U_{gs} = -U_o$$

所以 $R_{o} = \dfrac{U}{I} = \dfrac{1}{\dfrac{1}{R} + g_{m}} = R // \dfrac{1}{g_{m}}$

可见，共漏极放大电路具有与晶体管共集电极放大电路相同的特点，放大倍数接近1，输入电阻大，输出电阻小。

2.2.6 电路分析与仿真

在2.1.4节中已经对共射极放大电路做了详细仿真，下面将对共基极放大电路和共集电极放大电路进行仿真与分析。由于输入电阻和输出电阻的仿真测试方法在2.1.4节已详细介绍，接下来重点介绍直流工作点、电压增益的测试方法。

1）共基极放大电路如图2-44所示。

其静态工作点如图2-45a所示。

可以得到：$U_{CE} = U_{C} - U_{E} = U(7) - U$ (6) $= 4.72537V$；$U_{CB} = U_{C} - U_{B} = U(7) - U$ (9) $= 3.97976V$；$U_{BE} = U_{B} - U_{E} = U(9) - U$ (6) $= 0.74561V$。即发射结正偏，集电结反偏，判定晶体管工作在放大区。

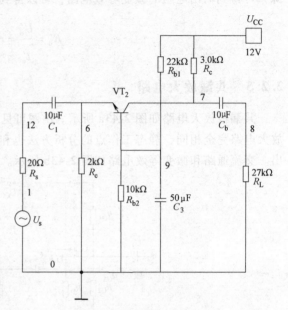

图 2-44 共基极放大电路图

使用示波器测试节点12和8的波形，得到图2-45b，输入信号与输出信号的相位相同，计算得到电压增益：$A_{u} = 535.095/12.31 = 43.47$。

	直流工作点	
1	V(9)	3.66951
2	V(6)	2.92390
3	V(ucc)	12.00000
4	V(7)	7.64927

a)

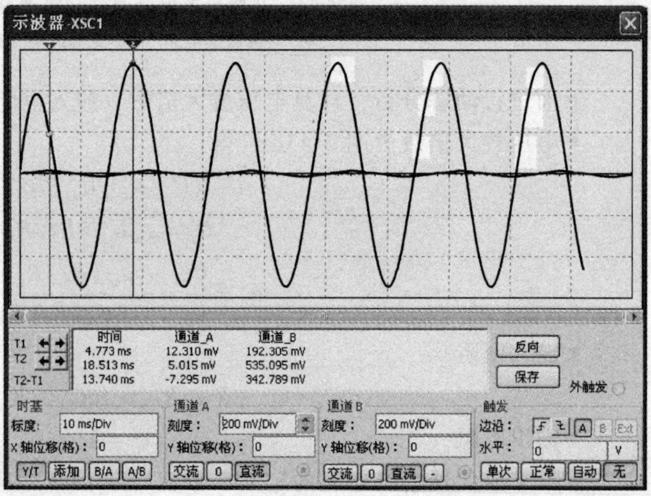

b)

图 2-45 共基极放大电路静态工作点及输入、输出波形

a）静态工作点 b）输入、输出波形

2）共集电极放大电路图如图2-46所示。

其静态工作点如图 2-47a 所示。

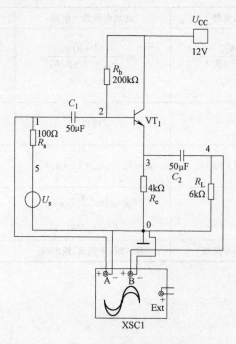

图 2-46　共集电极放大电路图

可以得到：$U_{CE} = U_C - U_E = U_{(UCC)} - U(3) = 4.02721V$；$U_{CB} = U_C - U_B = U_{(UCC)} - U(2) = 3.27183V$；$U_{BE} = U_B - U_E = U(2) - U(3) = 0.75538V$。即发射结正偏，集电结反偏，判定晶体管工作在放大区。使用示波器测试节点 1 和 4 的波形，得到图 2-47b，从图中可以看出，输入信号与输出信号的相位相同，波形几乎重合。电压增益 A_u 约等于 1。

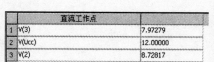

直流工作点	
1	V(3)	7.97279
2	V(Ucc)	12.00000
3	V(2)	8.72817

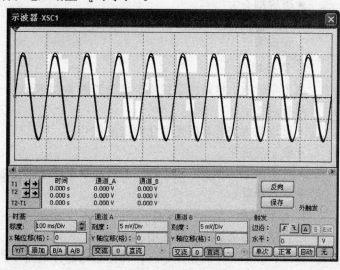

a)　　　　　　　　　　　　　　　　　　　　　　b)

图 2-47　共集电极放大电路静态工作点及输入、输出波形
a）静态工作点　b）输入、输出波形

由前面介绍的内容，结合仿真分析，总结了晶体管的 3 种放大电路性能对比如表 2-3 所示。

表 2-3　晶体管的 3 种放大电路性能对比

比较项	共射极放大电路	共集电极放大电路	共基极放大电路
电压增益 A_u	$A_u = -\dfrac{\beta R'_L}{r_{be} + (1 + \beta) R_e}$ $R'_L = (R_c // R_L)$	$A_u = \dfrac{(1 + \beta) R'_L}{r_{be} + (1 + \beta) R'_L}$ $R'_L = (R_e // R_L)$	$A_u = \dfrac{\beta R'_L}{r_{be}}$ $R'_L = (R_c // R_L)$
输入与输出相位	反相	同相	同相
输入电阻	$R_i = R_b // [r_{be} + (1 + \beta) R_e]$	$R_i = R_b // [r_{be} + (1 + \beta) R'_L]$	$R_i = R_e // \dfrac{r_{be}}{1 + \beta}$
输出电阻	$R_o \approx R_c$	$R_o = \dfrac{r_{be} + R'_s}{1 + \beta} // R_e$ $R'_s = R_s // R_b$	$R_o \approx R_c$
用途	多级放大电路中间级	输入级、中间级、输出级	高频或宽频带电路

2.3　多级放大电路

2.3.1　多级放大电路的耦合方式

将多个单级基本放大电路合理连接，构成多级放大电路。组成多级放大电路的每一个基本电路称为一级，级与级之间的连接称为级间耦合。四种常见的耦合方式如下：

- 直接耦合
- 阻容耦合
- 变压器耦合
- 光耦合

1. 直接耦合

两个单管放大电路的直接耦合电路如图 2-48 所示。

其特点如下：

- 可以放大交流和缓慢变化的直流信号。
- 便于集成化。
- 各级静态工作点互相影响；基极和集电极电位会随着级数增加而上升。
- 零点漂移。

2. 阻容耦合

阻容耦合多级放大电路如图 2-49 所示。

特点：静态工作点相互独立，在分立元器件电路中广泛使用。在集成电路中无法制造大容量电容，不便于集成化，尽量不用。

3. 变压器耦合

变压器耦合多级放大电路如图 2-50 所示。以前功率放大电路广泛采用此耦合方式，但现在基本不使用。

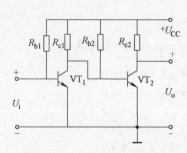

图 2-48　两个单管放大电路
的直接耦合电路

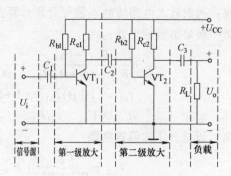

图 2-49　阻容耦合多级放大电路

特点：选择恰当的变比，可在负载上得到尽可能大的输出功率。第二级 VT_2、VT_3 组成推挽式放大电路，信号正负半周 VT_2、VT_3 轮流导电。

4. 光耦合

光耦合是以光信号为媒介来实现电信号的耦合和传递的，因其抗干扰能力强而得到越来越广泛的应用。目前市场上已有集成光耦合放大电路，具有较强的放大能力。图 2-51 所示为光耦合放大电路。

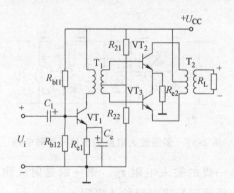

图 2-50　变压器耦合多级放大电路

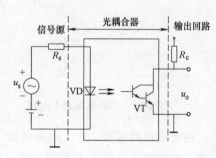

图 2-51　光耦合放大电路

5. 多级放大电路的动态分析

（1）电压放大倍数

总电压放大倍数等于各级电压放大倍数的乘积，即：

$\dot{A}_u = \dot{A}_{u1} \cdot \dot{A}_{u2} \cdot \cdots \cdot \dot{A}_{un}$；其中，$n$ 为多级放大电路的级数。

（2）输入电阻和输出电阻

通常，多级放大电路的输入电阻就是输入级的输入电阻；输出电阻就是输出级的输出电阻。具体计算时，有时它们不仅仅决定于本级参数，也与后级或前级的参数有关。

6. 例题分析

图 2-52 所示的两级电压放大电路，已知 $\beta_1 = \beta_2 = 50$，VT_1 和 VT_2 均为 3DG8D，$R_{B1} = 1M\Omega$；$R_{E1} = 27k\Omega$；$R'_{B1} = 82k\Omega$；$R'_{B2} = 43k\Omega$；$R_{C2} = 10k\Omega$；$R'_{E1} = 510\Omega$；$R'_{E2} = 7.5k\Omega$。计算前、后级放大电路的静态值（$U_{BE} = 0.6V$）及电路的动态参数。

解： 两级放大电路的静态值可分别计算。

第一级是射极输出器：

$$I_{B1} = \frac{U_{CC} - U_{BE}}{R_{B1} + (1 + \beta) R_{E1}} = \frac{24 - 0.6}{1000 + (1 + 50) \times 27} \text{mA} = 9.8 \mu A$$

$$I_{E1} = (1 + \beta) I_{B1} = (1 + 50) \times 0.0098 \text{mA} = 0.49 \text{mA}$$

$$U_{CE} = U_{CC} - I_{E1} R_{E1} = (24 - 0.49 \times 27) \text{V} = 10.77 \text{V}$$

第二级是分压式偏置电路：

$$U_{B2} = \frac{U_{CC}}{R'_{B1} + R'_{B2}} \cdot R'_{B2} = \frac{24}{82 + 43} \times 43 \text{V} = 8.26 \text{V}$$

$$I_{C2} = \frac{U_{B2} - U_{BE2}}{R''_{E2} + R'_{E2}} = \frac{8.26 - 0.6}{0.51 + 7.5} \text{mA} = 0.96 \text{mA}$$

$$I_{B2} = \frac{I_{C2}}{\beta_2} = \frac{0.96}{50} \text{mA} = 19.2 \mu A$$

$$U_{CE2} = U_{CC} - I_{C2}(R_{C2} + R''_{E2} + R'_{E2}) = [24 - 0.96(10 + 0.51 + 7.5)] \text{V} = 6.71 \text{V}$$

计算输入电阻和输出电阻：

图 2-53 所示为多级放大电路的小信号等效电路。

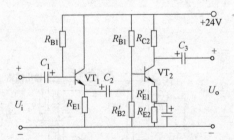

图 2-52　两级电压放大电路

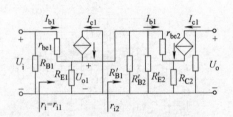

图 2-53　多级放大电路的小信号等效电路

由等效电路可知，放大电路的输入电阻 r_i 等于第一级的输入电阻 r_{i1}。第一级是射极输出器，它的输入电阻 r_{i1} 与负载有关，而射极输出器的负载即是第二级输入电阻 r_{i2}。

$$r_{be2} = 200 + (1 + \beta) \frac{26}{I_E} = \left(200 + 51 \frac{26}{0.96}\right) \Omega = 1.58 \text{k}\Omega$$

$$r_{i2} = R'_{B1} // R'_{B2} // [r_{be2} + (1 + \beta) R''_{E2}] = 14 \text{k}\Omega$$

$$R'_{L1} = R_{E1} // r_{i2} = \frac{27 \times 14}{27 + 14} \text{k}\Omega = 9.22 \text{k}\Omega$$

$$r_{be1} = 200 + (1 + \beta_1) \frac{26}{I_{E1}} = 200 + (1 + 50) \times \frac{26}{0.49} = 3 \text{k}\Omega$$

$$r_i = r_{i1} = R_{B1} // [r_{be1} + (1 + \beta) R'_{L1}] = 320 \text{k}\Omega$$

$$r_o = r_{o2} = R_{C2} = 10 \text{k}\Omega$$

求各级电压的放大倍数及总电压放大倍数：

第一级放大电路为射极输出器。

$$A_{u1} = \frac{(1 + \beta_1) R'_{L1}}{r_{be1} + (1 + \beta_1) R'_{L1}} = \frac{(1 + 50) \times 9.22}{3 + (1 + 50) \times 9.22} = 0.994$$

第二级放大电路为共发射极放大电路。

$$A_{u2} = -\beta \frac{R_{C2}}{r_{be2} + (1 + \beta_2) R_{E2}''} = -50 \times \frac{10}{1.79 + (1 + 50) \times 0.51} = -18$$

总电压放大倍数：

$$A_u = A_{u1} \times A_{u2} = 0.994 \times (-18) = -17.9$$

2.3.2 电路分析与仿真

将放大电路的前级输出端通过电容接到后级输入端称为阻容耦合方式，图 2-54 所示为阻容耦合 CE-CB 多级放大器仿真电路，第一级为共射极放大电路，第二级为共基极放大电路。由于电容对直流量的阻抗为无穷大，因而阻容耦合放大电路各级之间的直流通路各不相通，各级的静态工作点相互独立，在求解或实际调试 Q 点时可按单级处理，所以电路的分析与设计和调试简单易行。而且，只要输入信号频率较高，耦合电容容量较大，前级的输出信号就可以几乎没有衰减的传递到后级输入端，因此在分立元器件电路中阻容耦合方式得到非常广泛的应用。

下面将介绍阻容耦合 CE-CB 多级放大器的直流工作点、电压增益、输入电阻和输出电阻的仿真计算方法。

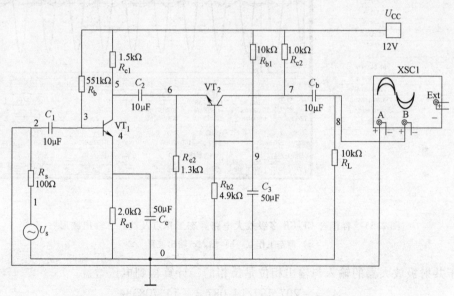

图 2-54 阻容耦合 CE-CB 多级放大器仿真电路

（1）直流工作点测量

直流工作点可以仿真图 2-54 的节点 3、4、5、6、7 和 9 节点。仿真结果如图 2-55a 所示。

- 得到晶体管 VT_1 的静态工作点如下：

$$U_{CE} = U_C - U_E = U(5) - U(4) = (9.25723 - 3.68448)V = 5.57275V$$

$$U_{CB} = U_C - U_B = U(5) - U(3) = 9.25723 - 4.43470 = 4.82253V$$

$$U_{BE} = U_B - U_E = U(3) - U(4) = 4.43470 - 3.68448 = 0.75022V$$

可以得出结论：发射结正偏，集电结反偏，即晶体管 VT_1 处于放大状态。

$I_B = 13.73012\mu A$，$I_C = 1.82851mA$，$I_E = 1.84224mA$。满足基尔霍夫电流定律：$I_E = I_B + I_C$。

- 得到晶体管 VT_2 的静态工作点如下：

$$U_{CE} = U_C - U_E = U(7) - U(6) = 9.60486 - 3.13539 = 6.46947V$$
$$U_{CB} = U_C - U_B = U(7) - U(9) = 9.60486 - 3.89142 = 5.71344V$$
$$U_{BE} = U_B - U_E = U(9) - U(6) = 3.89142 - 3.13539 = 0.75603V$$

可以得出结论：发射结正偏，集电结反偏，即晶体管 VT_2 处于放大状态。

$I_B = 810.85836 - 794.16661 = 16.69175\mu A$；$I_C = 2.39514mA$；$I_E = 2.41184mA$。满足基尔霍夫电流定律：$I_E = I_B + I_C$。

（2）电压增益 A_u

使用示波器测试节点 2 和 8 的波形，得到如图 2-55b 所示。

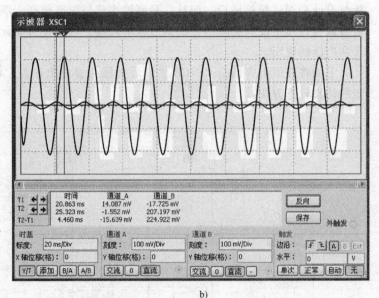

图 2-55　容耦合 CE-CB 多级放大电路静态工作点及输入、输出波形

a）静态工作点　b）输入、输出波形

由于共射极放大器的输入与输出相位是反相的，计算得到电压增益：

$$A_u = -207.197/14.087 = -14.708384$$

（3）输入电阻与输出电阻的测试

参照图 2-12 基本放大电路的方法。

2.4　放大电路的频率特性

2.4.1　频率特性的基本概念

1. 频率特性概念

放大器的频率特性就是其输出信号随输入信号频率变化而变化的特性。由于放大电路中

存在电容元件 C，而它对不同频率呈现的阻抗不同，所以放大电路对不同频率成分的放大倍数和相位移不同。放大倍数与频率的关系称为幅频特性，相位与频率的关系称为相频特性。

- 放大电路工作在中频区时，电压的放大倍数基本不随频率变化，保持一常数，一般要求放大电路工作在中频区，可以省略耦合电容、旁路电容和晶体管极间电容及分布电容等因素所造成的影响。
- 低频区：当放大倍数下降到中频区放大倍数的 0. 707 倍时，称此时的频率为下限频率 f_l。放大器工作在此区时，所呈现的容抗增大，因此放大倍数下降，同时输出电压与输入电压之间产生附加相移。
- 高频区：高频区时的放大倍数也下降。因为放大器工作在高频区时，电路的容抗变小，频率上升时，使加至放大电路输入信号减小，从而使放大倍数下降。

如果输入信号和输出信号分别用向量 $\dot{X}_i$ 和 $\dot{X}_o$ 表示，$A(j\omega)$ 为增益，则：

$$A(j\omega) = \frac{\dot{X}_o}{\dot{X}_i} \tag{2-1}$$

$A(j\omega)$ 为频率的复函数，其极坐标表达式为：

$$A(j\omega) = |A(j\omega)| e^{j\varphi(\omega)} = A(\omega) e^{j\varphi(\omega)} \tag{2-2}$$

由上述两个式子可知，$|A(j\omega)| = A(\omega) = |\dot{X}_o / \dot{X}_i|$ 表示输出信号与输入信号振幅之比，它反映了增益的幅值与频率之间的关系，称为增益的幅频特性。

同时，$\varphi(\omega) = \angle \dot{X}_o - \angle \dot{X}_i$ 是输出信号与输入信号的相位差，它反映了增益的相位与频率的关系，称为增益的相频特性。一个放大器对频率不同的输入信号特性需同时用幅频特性和相频特性来衡量。

2. 线性失真

一个周期信号经傅里叶级数展开后，可以分解为基波、一次谐波、二次谐波等多次谐波。相频失真如图 2-56a 所示。经过线性电路后，叠加合成后同样引起输出波形不同于输入波形，这种线性失真称之为相频失真。

线性失真的第一种形式幅频失真如图 2-56b 所示。该输入波形经过线性放大电路后，由于放大电路对不同频率信号的不同放大倍数，使得这些信号之间的比例发生了变化。对比 $U_i(t)$，可见两者波形发生了很大的变化，这就是线性失真的第一种形式，即幅频失真。

2.4.2 单级放大电路的频率特性

- 中频段：全部电容均不考虑，耦合电容视为短路，极间电容视为开路。
- 低频段：耦合电容的容抗不能忽略，而极间电容视为开路。
- 高频段：耦合电容视为短路，而极间电容的容抗不能忽略。

将中频、低频和高频时的放大倍数综合起来，可得共射极放大电路在全部频率范围内的放大倍数的表达式，对应的共射极放大电路的频率特性曲线如图 2-57 所示。

$$\dot{A}_u = \frac{A_{um}}{\left(1 - j\dfrac{f_l}{f}\right)\left(1 + j\dfrac{f}{f_h}\right)} \tag{2-3}$$

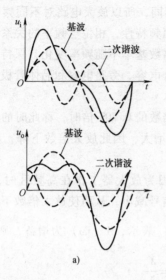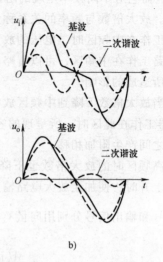

图 2-56　线性失真

a）相频失真　b）幅频失真

从幅频特性曲线可以看出，在中间一段频率范围内，放大倍数几乎不随频率变化，这一频率范围称为中频段。在中频段以外，随着频率的减少或者增大，放大倍数均下降。

工程上规定，当放大倍数下降至 A_{um} 的 $1/\sqrt{2}$ 倍时，对应的低频频率和高频频率分别为下限截止频率 f_l 和上限截止频率 f_h。其中通频带为：

$$BW = f_h - f_l \qquad (2-4)$$

通频带是放大电路频率特性的一个重要指标。通频带越宽，表示放大电路工作的频率范围越宽，其组成的放大器质量越好。

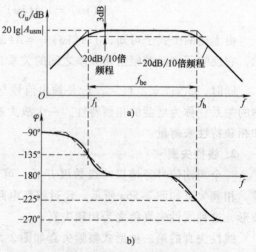

图 2-57　共射极放大电路的频率特性曲线

a）幅频特性　b）相频特性

2.4.3　多级放大电路的频率特性

在多级放大电路中，随着级数增加，其通频带变窄，即上限频率小于单级放大器的上限频率，下限频率大于单级放大器的下限频率。

多级放大电路总的电压放大倍数是各级放大倍数的乘积。即：

$$\dot{A}_u = \dot{A}_{u_1} \cdot \dot{A}_{u_2} \cdots \dot{A}_{u_n} \qquad (2-5)$$

以下介绍中频区的放大倍数、上限频率和下限频率的计算方法。

在上、下限频率处，即 $f_l = f_{l1} = f_{l2}$，$f_h = f_{h1} = f_{h2}$，各级的电压放大倍数均下降到中频区放大倍数的 0.707 倍，即：

$$\dot{A}_{ush_1} = \dot{A}_{ush_2} = 0.707 \dot{A}_{usm_1} = 0.707 \dot{A}_{usm_2}$$

$$\dot{A}_{\mathrm{usl}_1} = \dot{A}_{\mathrm{usl}_2} = 0.707 \dot{A}_{\mathrm{usm}_1} = 0.707 \dot{A}_{\mathrm{usm}_2} \qquad (2\text{-}6)$$

而此时的总的电压放大倍数为：

$$\dot{A}_{\mathrm{ush}} = \dot{A}_{\mathrm{ush}_1} \cdot \dot{A}_{\mathrm{ush}_2} = 0.5 A_{\mathrm{usm}_1} \cdot A_{\mathrm{usm}_2}$$

$$\dot{A}_{\mathrm{usl}} = \dot{A}_{\mathrm{usl}_1} \cdot \dot{A}_{\mathrm{usl}_2} = 0.5 A_{\mathrm{usm}_1} \cdot A_{\mathrm{usm}_2} \qquad (2\text{-}7)$$

截止频率是放大倍数下降至中频区放大倍数的 0.707 时的频率。所以，总的截止频率 $f_\mathrm{h} < f_{\mathrm{h}1} = f_{\mathrm{h}2}$；$f_\mathrm{l} > f_{\mathrm{l}1} = f_{\mathrm{l}2}$。总的频带为：

$$f_{\mathrm{bw}} = f_\mathrm{h} - f_\mathrm{l} < f_{\mathrm{bw}1} = f_{\mathrm{h}_1} - f_{\mathrm{l}_1} \qquad (2\text{-}8)$$

可见，多级放大电路的通频带一定比它的任何一级都窄，且级数越多，其通频带越窄。将放大电路级联后，虽然总电压放大倍数提高了，但通频带变窄了。

2.4.4　电路分析与仿真

以图 2-12 所示的共射极放大电路为例介绍频率特性仿真测试。

1. 低频频率特性测试

当射极旁路电容 $C_\mathrm{e} = 50\mu\mathrm{F}$ 时，其频率特性的仿真结果如图 2-58a 所示。

当射极旁路电容 $C_\mathrm{e} = 5\mu\mathrm{F}$ 时，其频率特性的仿真结果如图 2-58b 所示。

从仿真结果可以看出，射极旁路电容 C_e 影响放大电路的下限截止频率。C_e 越小，下限截止频率越高。

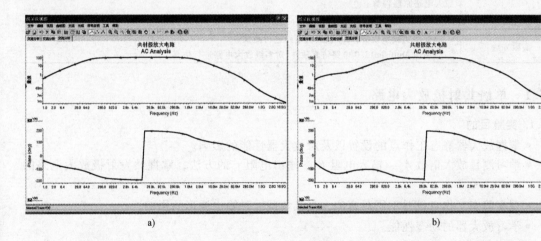

a)　　　　　　　　　　　　　　　　b)

图 2-58　低频特性测试

a）射极旁路电容为 $50\mu\mathrm{F}$　b）射极旁路电容为 $5\mu\mathrm{F}$

2. 高频频率特性测试

在晶体管的基极和集电极并联一个电容 C_{bc}，通过改变 C_{bc} 值测试极间电容对频率特性的影响。分别观测 $C_{\mathrm{bc}} = 100\mu\mathrm{F}$ 和 $10\mu\mathrm{F}$ 时的交流分析图，仿真结果分别如图 2-59a 和图 2-59b 所示。

从仿真结果可以看出，极间电容影响放大电路的高频特性，极间电容越大，上限截止频率越低。

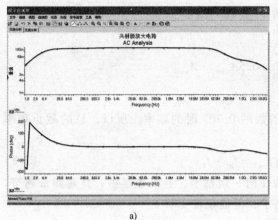
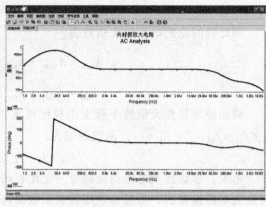

a) b)

图 2-59 高频特性测试

a) 极间电容为 $100\mu F$ b) 极间电容为 $10\mu F$

2.5 实验

实验目标	1）熟悉实验室示波器、函数信号发生器的使用方法。 2）熟悉使用 Multisim12.0 仿真软件。 3）通过电路仿真软件仿真测试，掌握基本放大电路的静态工作点 Q 的测试与调整方法，加深对放大电路原理理解。 4）掌握放大电路的性能指标 A_u、R_i、R_o 的测试方法。
实验方法	1）使用实验室设备，对单级放大电路进行测试。 2）使用 Multisim12.0 电路仿真软件，对多级放大电路进行仿真。

2.5.1 单级共射极放大电路

1. 实验目的

● 掌握放大器静态工作点的设置以及对放大器性能的影响。

● 学习测量放大倍数 A_u、输入电阻 R_i、输出电阻 r_o 的方法，掌握共发射极放大电路的特性。

● 观察静态工作点设置不同对直流、交流负载线和输出波形的影响。

● 学习放大器的动态性能。

2. 实验原理

偏置电路采用 R_{b1} 和 R_{b2} 组成的分压电路，并在发射极接有电阻 R_e，以稳定放大器的静态工作点。放大器的输入端加入输入信号 u_i 后，在放大器的输出端就能得到一个与输入信号 u_i 相位相反、幅值放大的输出信号 u_o，从而实现了电压放大。

图 2-60 所示为 NPN 管分压式偏置放大电路，流过支路 R_{b1}（R_{b1} 为滑动变阻器 RP 的实际阻值）的电流远大于晶体管的基极电流（一般为 5 ~ 10 倍），它的静态工作点可用下式估算：

$$U_B = \frac{R_{b2}}{R_{b1} + R_{b2}} U_{CC}$$

$$I_E = \frac{U_B - U_{BE}}{R_e} \approx I_C$$

$$U_{CE} = U_{CC} - I_C(R_c + R_e)$$

电压放大倍数：

$$A_u = -\frac{\beta R_L'}{r_{be} + (1+\beta)R_{e1}}$$

其中 $R_L' = R_c // R_L$

输入电阻：

$$R_i = R_{b1} // R_{b2} // (1+\beta)R_{e1}$$

输出电阻：

$$r_o \approx R_c$$

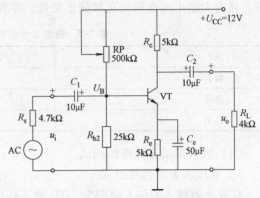

图 2-60　NPN 管分压式偏置放大电路

由于电子器件性能的分散性比较大，在设计和制作晶体管放大电路时离不开测量和调试技术。在设计前应测量所有元器件的参数，为电路设计提供必要的依据。在完成设计和装配后，还要测量和调试放大器的静态工作点和各项性能指标。一个优质的放大器必然是理论设计与实验调整结合的产物。因此除了学习放大器理论知识与设计方法外，还必须掌握必要的测量和调试技术。

放大器的测量和调试一般包括：放大器静态工作点的测试和调试，消除干扰与自激振荡以及放大器动态性能的测量和调试等。

3. 实验设备

示波器、毫伏表、函数信号发生器、万用表、直流稳压电源、S9013（$\beta = 50 \sim 100$）、滑动变阻器、电阻和电容若干及晶体管。

4. 实验内容

（1）连接电路

● 按照图 2-60 所示、连接电路（**注意**：接线前先测量 +12V 的电源，关闭电源后再接线）。

● 接线完毕仔细检查，确定无误后接通电源。

（2）静态工作点的测试

在输入端用函数信号发生器加入频率为 1kHz 的正弦信号 u_i，调节输入信号 u_i 的幅度和电位器 RP，用示波器观察输出电压 u_o 的波形，使之幅度最大而且不失真（或失真最小），然后使函数信号发生器输出为零，用直流电压表测量 U_B、U_C 和 U_E 的值。同时测出 RP 的大小（便于计算理论值）。填入表 2-4 中。

表 2-4　静态工作点随基极偏置电阻变化值

RP	U_B/V		U_E/V		U_C/V		I_C/mA（计算）	
	测量值	理论值	测量值	理论值	测量值	理论值	测量值	理论值

（3）观察静态工作点对输出波形失真的影响

取 $R_c = 2k\Omega$，$R_L = 2k\Omega$，$u_i = 0$，调节 RP 使 $I_C = 1.5mA$，测出 U_{CE}，再逐步增大输入信号幅度，使输出电压 u_o 幅度足够大但不失真，然后保持输入信号不变，分别增大和减小

RP，使放大器出现饱和失真和截止失真，并测出此时 U_B、U_C 和 U_E 值，记录表 2-5 中。

表 2-5　静态工作点对输出波形失真的影响

RP	U_B	U_C	U_E	输出波形情况
最大				
合适				
最小				

（4）放大器动态性能的测试

1）电压放大倍数的测试。

在放大器输入端加入频率为 1kHz 的正弦信号 u_i，调节输入信号 u_i 的幅度和电位器 RP，用示波器观察输出电压 u_o 的波形，使之幅度最大而且不失真，然后用交流毫伏表测出的 u_i 和 u_o 的有效值（U_i 和 U_o），记录表 2-6 中，用交流毫伏表测出下述 3 种情况下 u_i 和 u_o 的有效值（U_i 和 U_o），记录填入表 2-6 中，并用双踪示波器观察的相位关系，进行比较。此时测得的输出电压 U_o 即为最大不失真输出电压 U_{op-p}。

表 2-6　电压放大倍数记录

给定参数		实测		实测计算	理论值估算
R_c	R_L	U_i/mV	U_o/V	A_u	A_u
2kΩ	∞				
5.1kΩ	∞				
2kΩ	2kΩ				

2）测放大器的输入电阻和输出电阻。

置 $R_c = 2kΩ$，$R_L = 2kΩ$，在输出电压 u_o 最大且不失真的情况下，用交流毫伏表测出 U_s、U_i 和 U_o 的值，保持 U_s，再把负载 R_L 断开，测出输出电压 U_{oc} 的值，输入、输出电阻记录表 2-7 中。

表 2-7　输入、输出电阻记录

U_s/mV	U_i/V	$R_i/kΩ$		U_o/V	U_{oc}/V	$r_o/kΩ$	
		测量值	理论值			测量值	理论值

3）测量幅频特性曲线。

置 $R_c = 2kΩ$，$R_L = 2kΩ$，保持输入信号 u_i 的幅度不变，改变输入信号的频率 f，用交流毫伏表测出相应的输出电压 U_o，幅频特性记录表 2-8 中。计算出放大器的下限频率 f_L 和上限频率 f_H，描绘出幅频特性图，根据通频带的计算公式 $BW_{0.7} = f_H - f_L$，求出通频带 $BW_{0.7}$。测量时为了使信号源频率取得合适，可先粗测一下，找出中频范围，然后再仔细读数。

表 2-8　幅频特性记录

f/kHz				f_o			
U_o/V							
$A_u = \dfrac{U_o}{U_i}$							

5. 实验报告

- 列表整理测量结果，并把实测的静态工作点、电压放大倍数、输入电阻和输出电阻的值与理论计算值比较（取一组数据进行比较），分析产生误差的原因。
- 分析讨论在实验过程中出现的问题。
- 其他（包括实验的心得、体会及意见等）。

2.5.2 两级放大电路仿真

1. 实验目的

- 掌握各级放大电路的静态工作点设置以及对放大器性能的影响。
- 学习测试放大倍数 A_u、输入电阻 R_i、输出电阻 r_o 的方法。
- 观察多级放大电路的频率特性曲线。

2. 实验原理

本实验是两级共射放大电路，两级之间采用电容耦合方式，两级共射放大电路如图2-61所示。电容具有"隔直通交"的作用，因此，各级的直流电路相互独立，每一级的静态工作点互不相关。

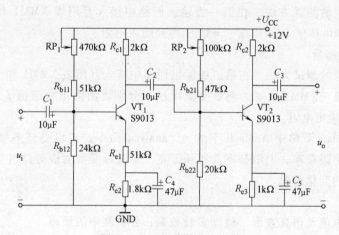

图 2-61   两级共射放大电路

电压放大倍数：

$$A_u = A_{u1} \cdot A_{u2} = \frac{-\beta R_{L1}}{r_{be1} + (1+\beta) R_{e1}} \cdot \frac{-\beta R_L'}{r_{be2}}$$

其中，$R_{L1} = R_{c1} // R_{i2}$

$$A_u = A_{u1} \cdot A_{u2} = \frac{-\beta [R_{c1} // (R_{p2} + R_{b21}) // R_{b22} // r_{be2}]}{r_{be1} + (1+\beta) R_{e1}} \cdot \frac{-\beta R_L'}{r_{be2}}$$

$$R_L' = R_{c2} // R_L$$

输入电阻为第一级的输入电阻：

$$R_i = (RP_1 + R_{b11}) // R_{b12} // [r_{be1} + (1+\beta) R_{e1}]$$

输出电阻为最后一级的输出电阻：

$$r_o = R_{c2}$$

61

3. 实验设备

Windows 服务器一台、Multisim12.0 软件。

4. 实验内容

按照图 2-61 两级共射放大电路，在 Multisim 软件中创建仿真电路。

1）静态工作点的测量与影响。

- 静态参数测试：设置仿真分析节点，启动 Simulate 菜单中 Analysis 下的 DC Operating Point 命令，观察静态工作点，并判断晶体管的工作状态。
- 将图 2-61 的两级共射放大电路分解为两个单独的共射放大电路，分别观察静态工作点。对比拆分前后的静态工作点。
- 变化基极偏置电阻，观察静态工作点的变化规律，分析偏置电阻对晶体管工作状态的影响。

2）放大倍数测量。

将电压输入信号 U_s 设置为 10mV，使用示波器测试 U_i 和 U_o 的值，使用以下公式得到电压增益：$A_u = U_o / U_i$。

3）输入电阻测量。

根据输入电阻的测试方法，在第一级输入回路中接入万用表 XMM1 和 XMM2，分别测试输入电流值 I_i 和电压值 U_i，根据 $r_i = U_i / I_i$ 得到输入电阻。

4）输出电阻测量。

根据输出电阻的测试方法，在第二级输出回路中接入万用表 XMM1 和 XMM2，XMM1 设置为测试交流电流，XMM2 设置为测试交流电压。分别读出输出电流值 I_o 和电压值 U_o，根据 $r_o = U_o / I_o$ 得到输出电阻。

5）启动 simulate 菜单中 Analysis 下的 AC analysis 命令，可以得到多级放大电路的频率特性曲线，测试下限频率、上限频率及通频带宽。通过改变发射极旁路电容的值，观察下限频率和上限频率的变化情况。

5. 实验报告

- 根据仿真电流及仿真波形，整理实验数据，分析其中的原理。
- 实验心得体会。

2.6 习题

1. 填空题

1）晶体管放大电路有 3 种基本形式：_____、_____和_____。

2）多级放大电路的耦合方式主要有：_____、_____、_____和_____。

3）场效应晶体管放大电路有 3 种基本形式：_____、_____和_____。

4）共射极放大电路中，输入与输出相位_____；共基极放大电路中，输入与输出相位_____；共集电极放大电路中，输入与输出相位_____。

5）放大电路的线性失真分为：_____和_____。

2. 选择题

1）晶体管处于放大状态时，发射结_____，集电结_____（   ）。

A. 正偏，正偏　　　　　B. 正偏，反偏

C. 反偏，正偏　　　　　D. 反偏，反偏

2）在共射基本放大电路中，适当增大 R_C，电压放大倍数和输出电阻将有何变化。（　　）

A. 放大倍数变大，输出电阻变大

B. 放大倍数变大，输出电阻不变

C. 放大倍数变小，输出电阻变大

D. 放大倍数变小，输出电阻变小

3）晶体管有三个工作区，下面哪一项不是。（　　）

A. 放大区　　　　　B. 饱和区　　　　　C. 失真区　　　　　D. 截止区

4）基本放大电路中，经过晶体管的信号有（　　）。

A. 直流成分　　　　　B. 交流成分　　　　　C. 交直流成分均有

5）共发射极放大电路的反馈元件是（　　）。

A. 电阻 R_B　　　　　B. 电阻 R_E　　　　　C. 电阻 R_C

6）在两级放大电路中，已知 $A_{u1} = 20$，$A_{u2} = 30$ 则总电压放大倍数为（　　）。

A. 30　　　　　B. 600　　　　　C. 50

7）某晶体管的发射极电流等于 1mA，基极电流等于 $20\mu A$，则它的集电极电流等于（　　）。

A. 0.98mA　　　　　B. 1.02mA　　　　　C. 0.8mA　　　　　D. 1.2mA

8）工作在放大区域的某晶体管，当 I_B 从 $20\mu A$ 增大到 $40\mu A$ 时，I_C 从 1mA 变为 2mA 则它的 β 值约为（　　）。

A. 10　　　　　B. 50　　　　　C. 80　　　　　D. 100

3. 判断题

1）通频带越宽，表示放大电路工作的频率范围越宽，其组成的放大器质量越好。（　　）

2）多级阻容耦合放大电路，各级静态工作点独立，不相互影响。（　　）

3）共漏电极放大电路的放大倍数可以大于1。（　　）

4）放大电路必须要有合适的直流工作点才能正常工作。（　　）

5）在任何情况下计算直流工作点时，均可以把电容视为开路。（　　）

4. 问答题

1）图 2-62 所示分压式偏置放大电路中，已知 $R_C = 3.3k\Omega$，$R_{B1} = 40k\Omega$，$R_{B2} = 10k\Omega$，$R_E = 1.5k\Omega$，$\beta = 70$。求静态工作点 I_{BQ}、I_{CQ} 和 U_{CEQ}。（图中晶体管为硅管）

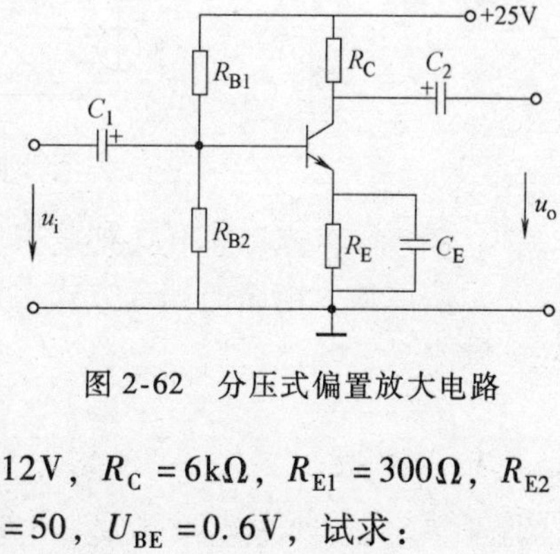

2）画出图 2-62 所示电路的微变等效电路，并对电路进行动态分析。要求解出电路的电压放大倍数 A_u，电路的输入电阻 r_i 及输出电阻 r_o。

图 2-62　分压式偏置放大电路

3）在图 2-63 所示共基极放大电路中，已知 $U_{CC} = 12V$，$R_C = 6k\Omega$，$R_{E1} = 300\Omega$，$R_{E2} = 2.7k\Omega$，$R_{B1} = 60k\Omega$，$R_{B2} = 20k\Omega$，$R_L = 6k\Omega$，晶体管 $\beta = 50$，$U_{BE} = 0.6V$，试求：

① 静态工作点 I_B、I_C 及 U_{CE}。

② 画出微变等效电路。

③ 输入电阻 r_i、r_o 及 A_u。

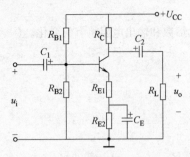

图 2-63　共基极放大电路

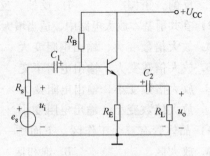

图 2-64　放大电路

4）在图 2-64 所示放大电路中，已知 $U_{CC} = 12\text{V}$，$R_E = 2\text{k}\Omega$，$R_B = 200\text{k}\Omega$，$R_L = 2\text{k}\Omega$，晶体管 $\beta = 60$，$U_{BE} = 0.6\text{V}$，信号源内阻 $R_s = 100\Omega$，$r_{be} = 200\Omega$，试求：

① 画出直流通路，并求静态工作点 I_B、I_E 及 U_{CE}。

② 画出微变等效电路。

③ A_u、r_i 和 r_o。

5）已知某电路电压放大倍数 $\dot{A}_u = \dfrac{-10\text{j}f}{\left(1 + \text{j}\dfrac{f}{10}\right)\left(1 + \text{j}\dfrac{f}{10^5}\right)}$，试求解：

① A_{um}、f_L 和 f_H 值；

② 画出波特图。

6）多级放大电路如图 2-65 所示。试定性分析下列问题，并简述理由。

① 一个电容决定电路的下限频率。

② 若 VT_1 和 VT_2 静态时发射极电流相等，且 r'_{bb} 和 C'_π 相等，则哪一级的上限频率低。

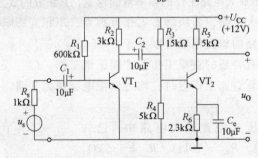

图 2-65　多级放大电路

第3章　负反馈电路

反馈是一种普遍的现象，广泛存在于自然界和工程技术领域中。人们经常有意识地应用反馈的理论与方法去实现自己的目的。在电子线路中，具有反馈功能的电路是很多的。反馈应用于放大电路，构成了所谓的反馈放大电路。放大电路引入反馈后，可以从多方面改善放大电路的性能，得到很好的效果。因此，反馈放大电路得到了广泛的应用。掌握和理解反馈电路的基本概念和分析方法也是进一步研究电路的基础。

本章从反馈的概念出发，首先引入负反馈的基本原理，其次对负反馈放大器的四种组态进行分析，最后针对负反馈对放大电路性能的影响进行介绍。

3.1　负反馈的基本原理

反馈是指在电子线路中，把输出量（电压或电流）的全部或者一部分，以某种方式反送回输入回路，与输入量（电压或电流）进行比较的过程。

在电子线路中，如果信号是从电路的输入端，顺序传到输出端，这称为信号的正向传输。如果信号从输出端传向输入端，称为信号的反向传输。反馈信号是反向传输信号。在电路中，如果信号只有正向传输，没有反向传输，这就称为开环状态。如果既有正向传输，又有反馈，就叫作闭环状态。

反馈过程如果存在于器件内部，称为内部反馈。如果是通过电子元器件实现的反馈，就称为外部反馈。如在能够稳定静态工作点的电路中，加入射极电阻 R_e 引入了电流反馈，可以稳定电路的工作点。

如果反馈只对直流量起作用，称为直流反馈，直流反馈影响电路的直流工作状态，如静态工作点。如果反馈只对交流量起作用，称为交流反馈，交流反馈影响电路的交流工作性能。如果反馈对交流和直流量都起作用，称为交直流反馈，它会同时影响电路的交流和直流工作状况。

3.1.1　负反馈放大器的理想模型

1. 负反馈基本组成

反馈电路基本框图如图 3-1 所示，负反馈放大电路的结构通常分成两部分：一部分是不带负反馈的基本放大电路，另一部分是反馈电路（或称为反馈网络）。反馈网络的功能是将取自输出回路的信号，变换成与原输入端类型相同的信号，送回到输入回路。反馈网络通常是由电阻、电容构成的无源网络，也可以是有源网络，其中起反馈作用的电阻、电容等，称为反馈元件。反馈信号可以是电压，也可以是电流。

负反馈放大电路的输入信号、净输入信号、反馈信

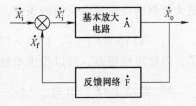

图 3-1　反馈电路基本框图

号和输出信号（设各个信号都为正弦量）分别用向量 $\dot{X}_i$、$\dot{X}'_i$、$\dot{X}_f$、$\dot{X}_o$ 来表示。其中净输入信号 $\dot{X}'_i$ 由 $\dot{X}_i$ 和 $\dot{X}_f$ 之差来决定，即 $\dot{X}'_i = \dot{X}_i - \dot{X}_f$。

通常将 $\dot{A} = \dfrac{\dot{X}_o}{\dot{X}'_i}$ 称为反馈放大电路的开环放大倍数，将 $\dot{A}_f = \dfrac{\dot{X}_o}{\dot{X}_i}$ 称为闭环放大倍数。反馈系数 $\dot{F}$ 是反馈信号 $\dot{X}_f$ 与放大电路的输出信号 $\dot{X}_o$ 之比，即 $\dot{F} = \dfrac{\dot{X}_f}{\dot{X}_o}$。

2. 反馈的基本关系式

反馈放大电路中的闭环放大倍数 $\dot{A}_f$ 与开环放大倍数 $\dot{A}$、反馈系数 $\dot{F}$ 之间的关系可用基本关系式表示如下：

$$\dot{A}_f = \frac{\dot{X}_o}{\dot{X}_i} = \frac{\dot{X}_o}{\dot{X}'_i + \dot{X}_f} = \frac{\dot{X}_o}{\dot{X}'_i\left(1 + \dfrac{\dot{X}_f}{\dot{X}'_i}\right)} = \frac{\dot{A}}{1 + \dot{A}\dot{F}}$$

这就是负反馈放大电路的基本关系式。式中，$\dot{X}_i$、$\dot{X}'_i$、$\dot{X}_f$、$\dot{X}_o$ 可以是电压或电流。若 $\dot{X}_i$、$\dot{X}_o$ 量纲不同，$\dot{A}_f$、$\dot{A}$、$\dot{F}$ 的物理意义也不同，电路的功能也不同。例如：

输入量为电流，输出量为电压信号，$\dot{A}$、$\dot{A}_f$ 的单位为 Ω。

输入量为电压，输出量为电流信号，$\dot{A}$、$\dot{A}_f$ 的单位为 S。

输出量为电流，反馈为电压信号，$\dot{F}$ 的单位为 Ω。

输出量为电压，反馈为电流信号，$\dot{F}$ 的单位为 S。

无论负反馈放大电路属于何种类型，环路放大倍数 $\dot{A}$、$\dot{A}_f$ 是无量纲的实数。

$1 + \dot{A}\dot{F}$ 对负反馈放大器的性能有很大的影响，定义 $|1 + \dot{A}\dot{F}|$ 为反馈深度。

1）当 $|1 + \dot{A}\dot{F}| > 1$ 时，$|\dot{A}_f| < |\dot{A}|$，闭环放大倍数下降，电路引入的是负反馈。

2）当 $|1 + \dot{A}\dot{F}| \gg 1$ 时，$\dot{A}_f = \dfrac{\dot{A}}{1 + \dot{A}\dot{F}} \approx \dfrac{1}{\dot{F}}$ 是深度负反馈。从这个表达式看，$\dot{A}_f$ 与 $\dot{A}$ 似乎无关，但这个表达式成立的前提是环路增益 $\dot{A}\dot{F}$ 的值很大，其中主要是 $\dot{A}$ 很大，大多数负反馈放大器都满足深度负反馈的条件。

3）当 $|1 + \dot{A}\dot{F}| < 1$，$|\dot{A}_f| > |\dot{A}|$，电路引入的是正反馈。正反馈虽然使放大倍数提高了，但稳定性很差，所以很少单独采用。

4）当 $|1 + \dot{A}\dot{F}| = 0$ 时，$|\dot{A}_f| \to \infty$。从物理概念上说，放大倍数不可能无穷大的。

这时，对应的物理现象是，电路虽然没有输入信号，但仍然有输出信号，这种现象称为自激振荡。放大器一旦出现自激振荡，自激振荡信号和放大后输出的信号叠加在一起，无法分辨，放大器就不能正常工作了，因此，这种现象是必须设法避免的。

3.1.2 反馈的分类与判断

在放大电路中引入的反馈类型不同，电路呈现的性质不同。在分析、设计和调试反馈放大电路时，首先应该明确电路的反馈类型，反馈的分类方法很多，以下从反馈极性、反馈信号成分、反馈信号的取样方式和反馈信号与输入信号的连接方式等方面进行分析。

1. 按反馈的极性分类

负反馈：反馈回输入端的信号削弱原输入端的信号，使放大倍数下降。主要用于改善放大电路的性能。

正反馈：反馈回输入端的信号加强原输入端的信号。多用于振荡电路。

反馈极性的判断，通常采用瞬时极性法来判别。通常假设某一瞬间信号变化为增加量时，定义其为正极性，用"＋"表示。假设某一瞬间信号变化为减少量时，定义其为负极性，用"－"表示。首先假定输入信号某一瞬时的极性，一般都假设为正极性。再通过基本放大电路各级输入、输出之间的相位变化关系，导出输出信号的瞬时极性；然后通过反馈通路确定反馈信号的瞬时极性；最后由反馈信号的瞬时极性判别净输入是增加还是减少。凡是增强为正反馈，减弱为负反馈。

2. 按反馈信号的成分

根据反馈信号包含的成分，分为交流反馈与直流反馈。反馈信号只有交流分量，称为交流反馈；反馈信号只有直流分量，称为直流反馈；反馈信号既有交流分量，又有直流分量，则电路中既存在交流反馈又存在直流反馈。

交流与直流反馈的判别方法，可以通过观察反馈过程出现在哪种通路中来判断。若出现在交流通路中，则有交流反馈作用；若出现在直流通路中，则起直流反馈作用；若同时出现在直流和交流通路中，则电路中既存在直流反馈又存在交流反馈。

3. 按反馈信号的取样方式

根据反馈信号的取样方式，分为电压反馈和电流反馈。凡反馈信号正比于输出电压，称为电压反馈；凡反馈信号正比于输出电流，称为电流反馈，电压反馈、电流反馈基本框图如图 3-2 所示。

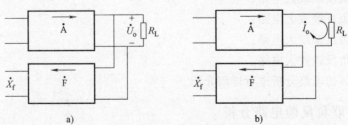

a)   b)

图 3-2　电压反馈、电流反馈基本框图

a）电压反馈　b）电流反馈

反馈信号的取样方式的判别方法，通常采用输出端短路法，方法是将放大器的输出端交流短路时，使输出电压等于零，若反馈信号消失，则为电压反馈，若反馈信号仍能存在，则为电流反馈。这是因为电压反馈信号与输出电压成比例，若输出电压为零，则反馈信号也为零；而电流反馈信号与输出电流成比例，只有当输出电流为零时，反馈信号才为零，因此，在将负载交流短路后，反馈信号不为零。

4. 按反馈信号与输入信号的连接方式

串联反馈和并联反馈主要由反馈信号与输入信号的连接方式来区分。若放大器的净输入信号$\dot X_i'$是由输入信号$\dot X_i$与反馈信号$\dot X_f$串联而成的，则为串联反馈；若放大器的净输入信号$\dot X_i'$是由输入信号$\dot X_i$与反馈信号$\dot X_f$并联而成的，则为并联反馈，串联反馈、并联反馈基本框图如图3-3所示。

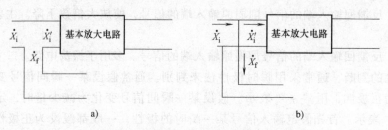

图 3-3 串联反馈、并联反馈基本框图
a）串联反馈 b）并联反馈

判别的方法是：假设将输入端短路，若反馈电压为零，则为并联反馈；若反馈电压仍存在，则为串联反馈。注意，串联反馈总是以反馈电压的形式作用于输入回路，而并联反馈总是以反馈电流的形式作用于输入回路。

3.2 负反馈放大电路分析

分析反馈放大电路时，一般可按以下顺序进行：首先，找出联系放大电路的输出回路与输入回路的反馈网络，并用瞬时极性法判别反馈极性（正反馈还是负反馈）；其次，从放大电路的输出回路来分析，反馈网络是取样输出电压还是取样输出电流，确定为电压反馈还是电流反馈；最后，从放大电路的输入回路来分析，反馈信号与输入信号是串联连接还是并联连接，从而确定串联反馈还是并联反馈。因此，负反馈放大电路可有以下四种组合类型。

● 电压串联负反馈放大电路；
● 电压并联负反馈放大电路；
● 电流串联负反馈放大电路；
● 电流并联负反馈放大电路。

下面，对具体的电路分析进行详细介绍。

3.2.1 电压串联负反馈电路分析

图 3-4 所示是由运算放大电路构成的电压串联负反馈放大器。电路中，输入信号 U_i 经过电阻加到运算放大电路的同相端。运算放大电路的反相端通过电阻 R_1 接地。运算放大电路的输出端与反相端之间跨接了反馈电阻 R_f。

在电路中，基本放大器由集成运算放大电路构成。R_f是连接电路输入端与输出端的反馈元件。R_f和R_1组成反馈网络。反馈元件R_f并没有与输入信号U_i在一点相连，信号源输入电

压 U_i、运算放大电路的净输入电压 U_d 和反馈网络的输出信号 U_f 在同一个回路中进行比较，因而是串联反馈。

反馈电压 $U_f = U_o \dfrac{R_1}{R_1 + R_f}$，正比于 U_o，因此是电压反馈。

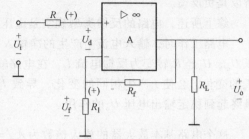

图 3-4 由运算放大电路构成的电压串联负反馈放大器

如果采用输出短路法来判断反馈的取样类型，假设输出端交流短路时，U_o 为零，U_f 也为零，因此与上面的判定相同。

判断反馈的极性，要采用瞬时极性法。假设输入信号 U_i 瞬时极性为正（对地而言），图中用（＋）符号表示。则输出电压 U_o 也为正，反馈信号 U_f 的极性同样为正，U_d 的瞬时极性为上正下负。则在输入回路中有 $U_d = U_i - U_f$。引入反馈的结果使净输入信号减小了，所以是负反馈。

综合上面的判断结果，这个电路的反馈类型是电压串联负反馈。

在这个电路中，集成运算放大电路的输出信号 U_o 通过反馈网络送回输入端，U_f 与 U_i 进行比较，极性相同，抵消很大一部分，真正送到运算放大电路输入端的净输入信号 U_d 是两者的差值。输出量 U_o 的变化，会引起反馈量 U_f 相同的变化，也会引起差值信号 U_d 相反的变化，导致了输出量 U_o 也向相反的方向变化。这一系列变化是一个自动进行的反馈调节过程，它可以使输出电压 U_o 保持基本不变。因此，电压负反馈的特点是稳定输出电压 U_o。

在这个电路中，可定义基本放大器的放大倍数为：$A_{uu} = \dfrac{U_o}{U_d}$。其中，$A_{uu}$ 称为电压增益。

定义电压反馈系数为 $F_{uu} = \dfrac{U_f}{U_o}$，反馈系数 F_{uu} 反映了反馈信号的强弱。A_{uu} 和 F_{uu} 均没有量纲。

3.2.2 电压并联负反馈电路分析

图 3-5 所示是由运算放大电路构成的电压并联负反馈放大器。电路中，输入信号 U_i 经过电阻 R_1 加到运算放大电路的反相端，运算放大电路的同相端接地。运算放大电路的输出端与反相端之间跨接了反馈电阻 R_f。

可以看出，R_f 是反馈元件，它与输入信号连接在一点，因此是并联反馈。运算放大电路两个输入端的

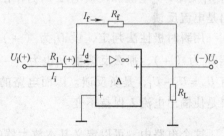

图 3-5 由运算放大电路构成的电压并联负反馈放大器

净输入电压为零。电路中，运算放大电路的同相端电位为零，所以，反相端的电位也为零。但是，由于反相端并没有真正接地，因此，这种现象称为"虚地"。这样，可以求出反馈电流：

$$I_f = \frac{U_i' - U_o}{R_f} \approx -\frac{U_o}{R_f}$$

反馈电流 I_f 正比于输出电压 U_o，可以判断，这是电压反馈。

使用瞬时极性法。设 U_i 为正，U_o 为负，可以看出 I_i、I_f 和 I_d 的瞬时方向与图中标的参考方向一致，则在运算放大电路的反相端有 $I_d = I_i - I_f$。引入反馈的结果使净输入信号减小了，

所以是负反馈。

综上所述，电路的反馈类型确实是电压并联负反馈。

电路工作时，输入电流 I_i 产生的净输入电流 I_d，经过运算放大电路放大后，产生输出电压 U_o，U_o 经 R_f 转变为反馈电流 I_f，在电路输入端，I_i 和 I_f 比较，形成差值电流 I_d，输出电压 U_o 的变化，会使 I_f 产生相同的变化，导致 I_d 产生相反的变化，从而 U_o 也发生相反的变化，最终起到稳定输出电压 U_o 的作用。

这个电路基本放大器的放大倍数为 $A_{ui} = \dfrac{U_o}{I_d}$。其中，$A_{ui}$ 被称为互阻增益，其量纲是电阻的量纲。

反馈系数为 $F_{iu} = \dfrac{I_f}{U_o}$。反馈系数 F_{iu} 的量纲是电导的量纲。

3.2.3 电流串联负反馈电路分析

图 3-6 所示是由运算放大电路构成的电流串联负反馈放大器。电路中，输入信号加到运算放大电路的同相端。运算放大电路的反相端通过电阻 R_1 接地。负载电阻 R_L 一端接运算放大电路的输出端，另一端加到运算放大电路的反相端，起到了反馈电阻的作用。

负载电阻 R_1 没有加到电路的信号输入端。在输入回路中 U_i 和 U_f 进行比较，产生净输入电压 U_d。因此，这是串联反馈。

集成运算放大电路对输入信号进行放大，得到输出电流 I_o。I_o 流过负载电阻 R_L，产生输出电压 U_o。I_o 流过电阻 R_1，产生反馈电压 U_f。$U_f = I_o R_1$，所以是电流反馈。若用输出短路法判定，将 R_L 短路，I_o 电流和反馈电压 U_f 仍存在，也可看出是电流反馈。

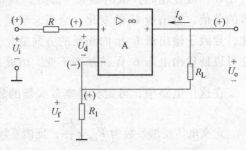

图 3-6　由运算放大电路构成的
电流串联负反馈放大器

用瞬时极性法判定，设 U_i 为（＋），输出电压 U_o 为（＋），那么反馈量 U_f 也为（＋）。U_d 的瞬时极性是上正下负，因此，在输入回路中有 $U_d = U_i - U_f$，是负反馈。因而电路的反馈类型是电流串联负反馈。电流负反馈调整的结果是使输出电流 I_o 保持不变。

这个电路中，可以定义基本放大器的放大倍数为 $A_{iu} = \dfrac{I_o}{U_d}$。其中，$A_{iu}$ 称为互导增益，量纲是电导的量纲。

反馈系数 $F_{ui} = \dfrac{U_f}{I_o}$，反馈系数的量纲是电阻的量纲。

这个电路与图 3-4 中的电压串联负反馈放大器的结构非常相似，主要差别在于反馈电压 U_f 是如何产生的。在本电路中，U_f 是由输出电流经过电阻 R_1 产生的。在前面的电路中，U_f 和 I_o 没有关系，而是由输出电压 U_o 被反馈网络的电阻分压得到。

3.2.4 电流并联负反馈电路分析

图 3-7 所示为由运算放大电路构成的电流并联负反馈放大器。从图中可以看出，电路的

输入信号是一个电流源与其内阻并联。运算放大电路的反相端通过电阻 R_f 和 R_1 接地。负载电阻置 R_L 一端接运算放大电路的输出端，另一端并没有接地，而是与反馈电阻 R_f 和电阻 R_1 连接到一点。

在电路中，R_f 是沟通输入回路和输出回路的反馈元件。R_f 与信号源都连接到运算放大电路的输入端。输入电流 I_i、反馈电流 I_f 和运算放大电路净输入电流 I_d 连接在一点进行比较。因此是并联反馈，反馈且是电流 I_f。

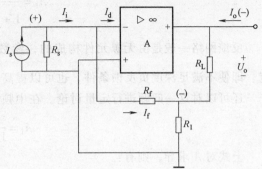

图 3-7　由运算放大电路构成的
电流并联负反馈放大器

如果运用输出短路法判定输出的取样类型，将 R_L 短路时，发现 I_f 依然存在，因此是电流反馈。由于运算放大电路输入端存在"虚短"，因而反馈电流 $I_f = I_o \dfrac{R_1}{R_f + R_1}$。$I_f$ 正比于输出电流 I_o，这说明确实是电流反馈。

用瞬时极性法判定反馈极性。设信号输入端，即运算放大电路反相端的瞬时极性为（＋），则输出电压 U_o 为（－），三个电阻连接的点瞬时极性也为负。因此，I_i、I_f 和 I_d 的瞬时方向与图中标的参考方向是一致的。可以得到：$I_d = I_i - I_f$，是负反馈。

综上所述，电路的反馈类型是电流并联负反馈。

在电路中，集成运算放大电路对净输入信号 I_d 放大，得到输出电流 I_o。I_o 通过反馈网络 R_f 和 R_1 得到反馈电流 I_f。在输入端 I_i 与 I_f 比较，产生差值电流 I_d。输出量 I_o 的变化会引起反馈量 I_f 的相同变化，也会使 I_d 产生相反的变化，从而导致输出量 I_o 向相反方向变化。这个反馈调节过程自动进行，维持了输出量 I_o 保持基本不变。因此，电流负反馈的主要特点是保持输出电流不变。

定量考虑反馈电路时，可以定义基本放大器的放大倍数 $A_{ii} = \dfrac{I_o}{I_d}$，其中，$A_{ii}$ 称为电流增益。

反馈系数定义为 $F_{ii} = \dfrac{I_f}{I_o}$。$A_{ii}$ 与 F_{ii} 都是电流之比，没有量纲。

3.3　负反馈对放大电路性能影响

放大电路中引入负反馈后，虽使放大倍数下降，却能换取其他性能的改善。例如提高放大倍数的稳定性、扩展通频带、减小非线性失真、抑制反馈环内的干扰和噪声以及改变输入电阻和输出电阻等。本节将对这些影响分别加以分析讨论，找出规律以便利用。

3.3.1　提高放大倍数稳定性

在放大电路中，当环境温度、电源电压及电路元器件参数发生变化时，都会引起放大倍数的波动，这种现象对于放大电路的工作是不利的。引入了负反馈后，可以使电路的放大倍数更加稳定。

前面提到，当满足深度负反馈条件时，有：

$$\dot{A}_f = \frac{\dot{A}}{1 + \dot{A}\dot{F}} \approx \frac{1}{\dot{F}}$$

反馈网络一般是由无源元件构成的，参数很少变化，因而闭环放大倍数 A_f 的值也很稳定。即使不满足深度负反馈条件，也可以提高 A_f 的值的稳定性。

还可以对这一问题进行定量讨论。在中频范围内负反馈放大器的一般表达式为：

$$A_f = \frac{A}{1 + AF}$$

上式对 A 求导，则有：

$$\frac{dA_f}{dA} = \frac{A}{(1 + AF)^2}$$

即：

$$dA_f = \frac{dA}{(1 + AF)^2}$$

上式两边同时除以 A_f，则：

$$\frac{dA_f}{A_f} = \frac{1}{1 + AF} \frac{dA}{A}$$

上式表明，引入负反馈后，闭环增益的相对变化量只相当于基本放大器相对变化量的 $\frac{1}{1 + AF}$。因而放大倍数的值很稳定，受其他因素的影响很小。

还应指出，不同类型的负反馈组态，增益稳定性的含义是不同的。电压串联负反馈稳定闭环电压放大倍数，即稳定输出电压。电流并联负反馈稳定闭环电流放大倍数，即能稳定输出电流，而输出电压却不一定能够稳定。

3.3.2 扩展放大器通频带

前面已经介绍过，负反馈放大器可以增加闭环放大倍数的稳定性。因此，当信号频率变化引起放大倍数变化时，负反馈同样可以起到稳定作用，使放大倍数基本保持不变。这样，当频率变化时，闭环放大倍数的变化减小，也就是扩展了通频带。

设无反馈时，基本放大器的放大倍数为 A_m，其上限频率为 f_H，高频时的放大倍数为：

$$\dot{A}_H = \frac{A_m}{1 + j\dfrac{f}{f_H}}$$

引入负反馈后：

$$\dot{A}_{Hf} = \frac{\dot{A}_H}{1 + \dot{A}_H \dot{F}} = \frac{\dfrac{A_m}{1 + j\dfrac{f}{f_H}}}{1 + \dfrac{A_m}{1 + j\dfrac{f}{f_H}}\dot{F}} = \frac{A_m}{1 + A_m F + j\dfrac{f}{f_H}} = \frac{\dfrac{A_m}{1 + A_m F}}{1 + j\dfrac{f}{(1 + A_m F)f_H}} = \frac{A_{mf}}{1 + j\dfrac{f}{f_{Hf}}}$$

这里 $f_{Hf} = (1 + \dot{A}_m \dot{F})f_H$。$f_{Hf}$ 是负反馈放大器的上限频率。可以看出，负反馈使放大器的上限频率提高了 $(1 + \dot{A}_m \dot{F})$ 倍。

同理：

$$f_{Lf} = \frac{f_L}{1 + \dot{A}_m \dot{F}}$$

f_{Lf} 是负反馈放大器的下限频率，f_L 是基本放大器的下限频率。负反馈使放大器的下限频率降低为原来的 $\dfrac{1}{1 + \dot{A}_m \dot{F}}$。

负反馈放大器的通频带 $BW \approx f_{Hf}$。通频带扩展了 $(1 + \dot{A}_m \dot{F})$ 倍。一般，放大器的增益带宽积为常数。如果没有更换元器件，只是引入负反馈使频带扩展了 $(1 + \dot{A}_m \dot{F})$ 倍，其放大倍数则要下降为原来的 $\dfrac{1}{1 + \dot{A}_m \dot{F}}$。

3.3.3 减少非线性失真

对于理想的放大电路，其输出信号与输入信号应完全呈现线性关系。但是由于放大电路中放大器件（如晶体管、场效应晶体管）特性的非线性，当输入信号为正弦波时，放大电路输出信号的波形可能不再是正弦波，而产生非线性失真。输入信号的幅度越大，非线性失真就越严重。

负反馈可以改善放大电路的非线性失真，但是只能改善反馈环内产生的非线性失真。图 3-8 所示为负反馈改善非线性失真。

假定输出的失真波形是正半周大负半周小，如图 3-8a 所示。当放大器引入负反馈时（以电压串联负反馈为例，来说明它是如何减少非线性失真的），由于反馈电压与输出电压成正比，使反馈电压 u_f 的波形也为正半周大负半周小，将其反馈到输入端，与输入电压 u_i 串联，由于净输入电压 $u_i' = u_i - u_f$，使净输入电压为负半周大正半周小，这种失真波形通过放大器放大后，就使输出波形趋于正弦波，减小了非线性失真，如图 3-8b 所示。

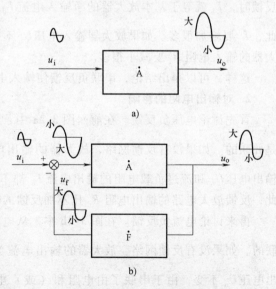

从本质而言，负反馈是利用失真了的输出波形来改善输出波形的失真（也是负反馈自动调整输出信号的作用）。为此，波形的失真只能改善，不能消除。还需要指出：波形失真的改善程度与反馈深度有关；反馈网络中元件的线性度越好，效果也越好。

图 3-8　负反馈改善非线性失真
a）无反馈信号时波形　b）有反馈后信号波形

3.3.4 对输入电阻和输出电阻的影响

反馈元器件跨接在放大电路的输入回路和输出回路之间，势必要对输入电阻和输出电阻产生影响。在这里，对这种影响作用只进行定性地分析。

1. 对输入电阻的影响

对于串联负反馈放大器来说，从图 3-9a 中可以看出，信号源 $\dot{U}_s$ 产生输入信号 $\dot{U}_i$，加到负反馈放大器的输入端。如果不加反馈，基本放大器的净输入信号 $\dot{U}_d = \dot{U}_i$。由于负反馈的作用，$\dot{U}_i$ 的很大一部分被反馈电压 $\dot{U}_f$ 抵消掉了，真正加到基本放大器输入端的净输入信号 $\dot{U}_d$ 减小了很多。流入基本放大器的输入电流 $\dot{I}_i$ 与无反馈时相比，减小了很多。如果 $\dot{U}_i$ 保持不变的话，输入电阻 R_{if} 就比原来基本放大器的输入电阻 R_i 增加很多。

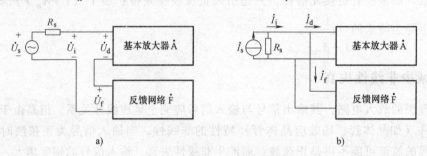

图 3-9　负反馈放大器两种形式

a）串联反馈　b）并联反馈

对于并联负反馈放大器来说，从图 3-9b 中可以看出，信号源 $\dot{I}_s$ 产生输入电流 $\dot{I}_i$。不加反馈时，$\dot{I}_i$ 就等于基本放大器的净输入电流 $\dot{I}_d$。引入负反馈后又多了一路反馈电流 $\dot{I}_f$。因此，$\dot{I}_i$ 要增加很多。如果放大器输入电压 U_i 不变，则负反馈放大器的输入电阻 R_{if} 比基本放大器的输入电阻 R_i 要减小很多。

这样，可以得出结论，串联负反馈使输入电阻增大，并联负反馈使输入电阻减小。

2. 对输出电阻的影响

首先讨论电压负反馈。在前面图 3-2a 中，从电路的输出端看，反馈网络与基本放大器是并联的。如果没有反馈网络，放大器的输出电流为 I_o。加入反馈网络后，假设放大器的输出电压 U_o 和流过负载电阻的输出电流 I_o 都不变，又多了一部分流过反馈网络的电流。因此，反馈放大电路的输出电阻 R_{of} 比不加反馈的输出电阻 R_o 减小了。

再来讨论电流负反馈。在图 3-2b 中，从电路的输出端看，反馈网络与基本放大器是串联的。如果没有反馈网络，放大器的输出电流为 I_o。加入反馈网络后，如果设放大器的输出电压 U_o 不变，由于串联了由电阻和（或）电容组成的反馈网络，电路的输出电流减小了。这样，就相当于输出电阻 R_{of} 比不加反馈的输出电阻 R_o 加大了。

还可以从另外一个角度来看，电压负反馈可以使放大器的输出电压保持稳定，可以近似看成电压源输出。电压源与输出电阻是密切相关的，因而可以说，电压负反馈减小了放大器的输出电阻。

电流负反馈可以使放大器的输出电流稳定，可以看作电流源输出。电流源与输出电阻是密切相关的，因此，电流负反馈增加了放大器的输出电阻。

以上讨论的是负反馈对放大器性能的影响。如果电路中加入的是正反馈，对电路造成的影响正好与负反馈相反。有时可以有意识地利用这一特点，在负反馈电路中再引入一路较弱的正反馈，从而达到进一步改善电路性能的目的。

3.3.5 电路分析与仿真

本章讲述了负反馈的原理及四种典型负反馈组态。接下来将针对四种典型负反馈组态进行仿真分析。

1. 电压串联负反馈仿真

图 3-10 所示为电压串联负反馈电路，集成运算放大电路 U_1 为放大电路。通过开关控制是否接入负反馈信号。示波器 XSC1 的 A 通道接输入信号，B 通

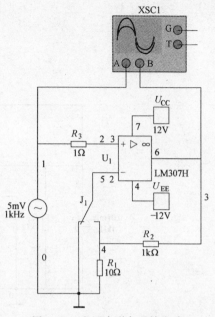

图 3-10 电压串联负反馈电路

道接输出信号。当不接负反馈时，输入、输出波形如图 3-11a 所示，此时的输出信号存在失真；当接负反馈时，输入、输出波形如图 3-11b 所示，此时的输出信号没有失真，但输出信号幅度变小了（注意看刻度对比），说明放大倍数变小，符合负反馈的原理。

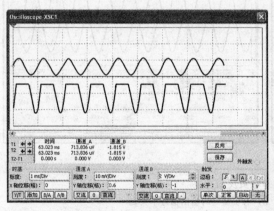
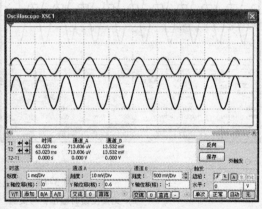

a)   b)

图 3-11 电压串联负反馈仿真
a) 无负反馈时输出信号失真 b) 有负反馈时输出信号不失真

2. 电压并联负反馈仿真

图 3-12 所示为电压并联负反馈电路。当不接负反馈时，输入、输出波形如图 3-13a 所示，此时的输出信号存在失真；当接负反馈时，输入、输出波形如图 3-13b 所示，此时的输

出信号没有失真，但输出信号幅度变小了（注意看刻度对比），说明放大倍数变小，符合负反馈的原理。

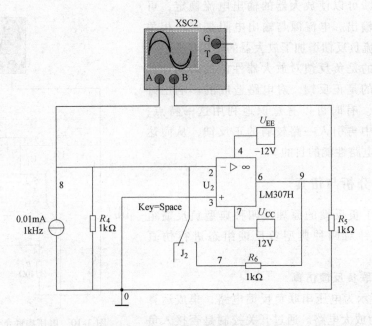

图 3-12　电压并联负反馈电路

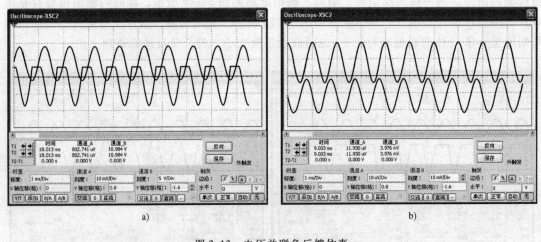

图 3-13　电压并联负反馈仿真

a）无负反馈时输出信号失真　b）有负反馈时输出信号不失真

3. 电流串联负反馈仿真

图 3-14 所示为电流串联负反馈电路。当不接负反馈时，输入、输出波形如图 3-15a 所示，此时的输出信号存在失真；当接负反馈时，输入、输出波形如图 3-15b 所示，此时的输出信号没有失真，但输出信号幅度变小了（注意看刻度对比），说明放大倍数变小，几乎接近 1，符合负反馈的原理。

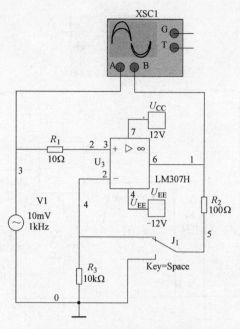

图 3-14　电流串联负反馈电路

4. 电流并联负反馈仿真

图 3-16 所示为电流并联负反馈电路。当不接负反馈时，输入、输出波形如图 3-17a 所示，此时的输出信号存在失真；当接负反馈时，输入、输出波形如图 3-17b 所示，此时的输出信号没有失真，但输出信号幅度变小了（注意看刻度对比），说明放大倍数变小，符合负反馈的原理。

综合上述四种负反馈电路仿真结果，负反馈技术的引入会减小放大倍数，但同时能使输出信号不失真。

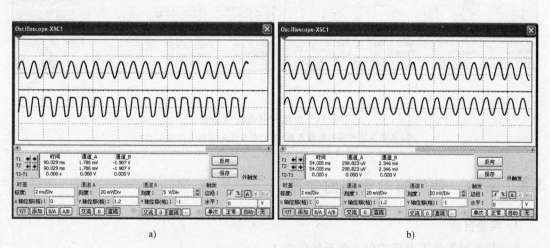

图 3-15　电流串联负反馈仿真

a）无负反馈时输出信号失真　b）有负反馈时输出信号不失真

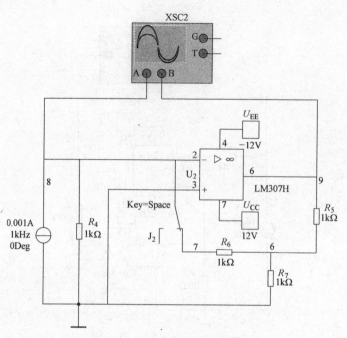

图 3-16　电流并联负反馈电路

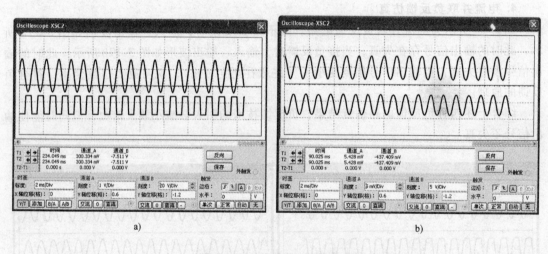

图 3-17　电流并联负反馈仿真

a）无负反馈时输出信号失真　　b）有负反馈时输出信号不失真

3.4　实验　负反馈放大电路实验

1. 实验目的

1）加深理解放大电路中引入负反馈的方法。

2）掌握负反馈对放大器各项性能指标的影响。

2. 实验原理

负反馈在电子电路中有着非常广泛的应用，负反馈在使放大器的放大倍数降低的同时，还可以多方面改善放大器的动态指标，比如提高放大倍数的稳定性，改变输入、输出电阻，减小非线性失真和展宽通频带等。因此，几乎所有的实用放大器都引入负反馈。

负反馈放大器有四种组态，即电压串联负反馈、电压并联负反馈、电流串联负反馈和电流并联负反馈。本实验以电压串联负反馈为例，分析负反馈对放大器各项性能指标的影响。

（1）电压串联负反馈的性能指标

图 3-18 所示为带有电压串联负反馈的两级阻容耦合放大电路，在电路中通过 R_f 把输出电压 U_o 引回到输入端，加在晶体管 VT_1 的发射极上，在发射极电阻 R_{F1} 上形成反馈电压 U_f。根据反馈的判断方法可知，R_f 引入了电压串联负反馈，因为 R_f 与 C_f 串联，故 R_f 引入的是交流电压串联负反馈，对静态工作点无负反馈作用。

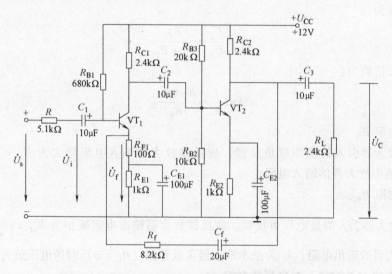

图 3-18 带有电压串联负反馈的两级阻容耦合放大电路

1）静态工作点。两级阻容耦合放大器由于级间耦合采用阻容耦合的方式，使得放大器每一级静态工作点相互独立、互不影响。所以，求解两级阻容耦合放大器的静态工作点就是计算每一级放大器静态工作点，计算方法与单级放大器相同。

2）动态分析。主要性能指标如下：

• 闭环电压放大倍数 A_f

$A_f = \dfrac{\dot A}{1 + \dot A \dot F}$。式中，$\dot A = U_o/U_i$ 为基本放大器（无反馈）的电压放大倍数，即开环电压放大倍数；$\dot F$ 为反馈放大器的反馈系数；$1 + \dot A \dot F$ 为反馈深度. 它的大小决定了负反馈对放大器性能改善的程度。当 $|1 + \dot A \dot F| \gg 1$，称放大器引入的深度负反馈，此时 $\dot A_f = \dfrac{\dot A}{1 + \dot A \dot F} \approx \dfrac{1}{\dot F}$。放大器引入深度负反馈时，闭环放大倍数近似等于反馈系数的倒数。

• 反馈系数 $\dot F$

$\dot F$ 定义为反馈放大器的反馈量与输出量的比值，即 $\dot F = \dfrac{\dot U_f}{\dot U_o}$。在电路稍显复杂时，闭环电压放大倍数等参数的计算比较麻烦，但对于深度负反馈条件下的放大器，满足 $\dot{A}_f \approx \dfrac{1}{\dot{F}}$。因此，常常利用深度负反馈的近似公式进行估算，使分析计算大大简化。

图 3-18 所示两级阻容耦合放大器输出电压 U_o 经电阻 R_f、R_{F1}（动态时 R_{E1} 被耦合电容 C_{E1} 短接）分压后加到第一级的输入回路，作为整个放大电路的反馈电压，忽略 VT_1 的发射极电流在 R_{E1} 上的压降（这个压降属于第一级的局部反馈电压，相对整个放大器的反馈来说一般可以忽略），有：

$$U_f \approx \frac{R_{F1}}{R_1 + R_{F1}} U_o$$

反馈系数为：

$$F = \frac{U_f}{U_o} \approx \frac{R_{F1}}{R_f + R_{F1}}$$

闭环放大倍数为：

$$A \approx \frac{1}{F} \approx \frac{R_f + R_{F1}}{R_{F1}}$$

• 输入电阻 R_{if}

负反馈放大器引入的是串联负反馈，故反馈放大器输入电阻增大为 $R_{if} = (1 + AF) R_i$。式中，R_i 为基本放大器的输入电阻。

• 输出电阻 R_{of}

负反馈放大器引入的是电压负反馈，故反馈放大器输出电阻减小为 $R_{of} = \dfrac{R_o}{1 + A_o F}$。式中，$R_o$ 为基本放大器的输出电阻，A_o 为基本放大器负载开路（$R_L = \infty$）时的电压放大倍数。

（2）基本放大器的动态参数测量电路

通过上述分析可知，每一个反馈放大电路的动态参数均由基本放大器的动态参数、反馈系数决定。故在实验测量过程中，为了便于测量基本放大器的动态参数。在 R_f 和 C_f 串联的反馈之路串联一个开关，测量时根据需要将开关断开或闭合即可。

3. 实验设备

+12V 直流电源、函数信号发生器、双踪示波器、频率计、毫伏表、直流电压表以及晶体管（$\beta = 50 \sim 100$）、电阻器和电容器若干。

4. 实验内容

（1）测量静态工作点

按图 3-18 连接实验电路，取 $U_{CC} = +12V$，$U_i = 0$，用直流电压表分别测量第一级、第二级的静态工作点，计入表 3-1 中。

表 3-1　测量静态工作点

	U_B/V	U_E/V	U_{CE}/V	I_C/mA
第一级				2
第二级			5.6	

如果 R_B、R_C 串联电位器，则首先调整电位器 I_{C1} 约为 2mA，U_{CE2} 约为 5.6V 再测量静态工作点。

（2）测量基本放大器的各项性能指标

将实验电路中 R_f 支路断开，其他连线不动。

1）测量中频电源放大倍数 A，输入电阻 R_i 和输出电阻 R_o。

- 以 $f=1\text{kHz}$，U_s 约 25mV 正弦信号输入放大器，用示波器监视输出波形 U_o，在 U_o 不失真的情况下，用毫伏表测量 U_s、U_i、U_L，记录在表 3-2 中。

表 3-2　测量基本放大器的各项性能指标

基本 放大器	U_s/mV	U_i/mV	U_L/V	U_o/V	A	$R_i/\text{k}\Omega$	$R_o/\text{k}\Omega$
负反馈 放大器	U_s/mV	U_i/mV	U_L/V	U_o/V	A_f	$R_{if}/\text{k}\Omega$	$R_{of}/\text{k}\Omega$

- 保持 U_s 不变，断开负载电阻 R_L，测量空载时的输出电压 U_o，记录在表 3-2 中。

2）测量通频带。接上 R_L，保持 1）中的 U_s 不变，然后增加和减小输入信号的频率，找出上、下限频率 f_H 和 f_L，记入表 3-3 中。

（3）测量负反馈放大器的各项性能指标

接通负反馈支路 R_f。适当加大 U_s（约 30mV），在输出波形不失真的条件下，测量负反馈放大器的 A_f、R_{if} 和 R_{of}，记入表 3-2 中；测量 f_{Hf} 和 f_{Lf}，记入表 3-3 中。

测量负反馈放大器的各项性能指标如表 3-3 所示。

表 3-3　测量负反馈放大器的各项性能指标

基本 放大器	f_L/kHz	f_H/kHz	$\Delta f/\text{kHz}$
负反馈 放大器	f_{Lf}/kHz	f_{Hf}/kHz	$\Delta f_f/\text{kHz}$

（4）观察负反馈对非线性失真的改善

1）实验电路改接成基本放大器形式，在输入端加入 $f=1\text{kHz}$ 的正弦信号，输出端接示波器，逐渐增大输入信号的幅度，使输出波形开始出现失真，记下此时的波形和输出电压的幅度。

2）再将实验电路改接成负反馈放大器形式，增大输入信号幅度，使输出电压幅度的大小与 1）相同，比较有负反馈时，输出波形的变化。

5. 实验报告

1）将基本放大器和负反馈放大器动态参数的实测值和理论估算值列表进行比较。

2）根据实验结果，总结电压串联负反馈对放大器性能的影响。

3）如输入信号存在失真，能否用负反馈来改善？

4）完成实验报告。

3.5　习题

1. 问答题

1）什么是反馈？

2）什么是正反馈？什么是负反馈？放大电路中正、负反馈如何判断？

3）什么是电压负反馈？什么是电流负反馈？如何判断？

4）什么是串联负反馈？什么是并联负反馈？如何判断？

2. 填空题

1）放大电路中，为了稳定静态工作点，可以引入_____负反馈；如果要稳定放大倍数，应引入_____负反馈；希望扩展频带，可以引入_____负反馈；如果增大输入电阻，应引入_____负反馈；如果降低输比电阻，应引入_____负反馈。

2）当信号源内阻很大而又希望取得较强的反馈的作用时，应引入_____负反馈；如果希望减少信号源提供的电流，应引入_____负反馈；如果负载变化时希望稳定输出电压，应引入_____负反馈；如果负载变化时，希望输出电流稳定，应引入_____负反馈。

3. 判断题

1）电压负反馈可以稳定输出电压，流过负载电阻的电流也必然稳定。因此，电压负反馈和电流负反馈都可以稳定输出电流。（　　）

2）在负反馈放大器中，基本放大器的放大倍数越大，闭环放大倍数就越稳定。（　　）

3）负反馈不但能够减小反馈环路外部的干扰信号，而且能够减小反馈环路内部产生的噪声信号。（　　）

4）负反馈可以展宽频带。只要反馈足够深，就可以用低频管代替高频管来放大高频信号。（　　）

4. 计算题

1）一个电压串联负反馈放大器，在开环工作时，输入信号为8mV，输出信号为1.20V。闭环工作时，输入信号增大为30mV，输出信号为1.50V。试求电路的反馈深度和反馈系数。

2）某串联电压负反馈放大器，开环电压放大倍数$\dot{A}_u$变化20%，要求闭环电压放大倍数$\dot{A}_{uf}$变化不超过1%，设$\dot{A}_{uf}=100$，求开环电压放大倍数$\dot{A}_u$及反馈系数$\dot{F}$。

3）已知开环电压放大倍数$\dot{A}_u=10$，$\dot{F}=0.05$，如果输出电压$\dot{U}_o=2V$，计算输入电压$\dot{U}_i$、反馈电压$\dot{U}_f$及净输入电压$\dot{U}_i'$。

4）某放大电路开环时的频率响应为：

$$\dot{A}_u = \frac{1500}{\left(1-j\dfrac{5}{f}\right)\left(1+j\dfrac{f}{5\times10^5}\right)}$$

① 写出该放大器的中频电压放大倍数A_u，下限频率f_L和上限频率f_H。

② 如果希望引入电压串联负反馈，使频带展宽至5倍，这时的反馈深度为多少？反馈系数为多少？闭环电压放大倍数$|\dot{A}_{uf}|$为多少？

5）反馈放大电路如图3-19所示。已知$U_{CC}=12V$，$R_1=30k\Omega$，$R_2=20k\Omega$，$R_3=360\Omega$，$R_4=3k\Omega$，$R_5=1k\Omega$，$R_6=20k\Omega$，$R_7=1k\Omega$。

① 指出电路中存在的反馈的类型。

② 计算反馈系数。

③ 计算闭环电压放大倍数 $\dot{A}_{\mathrm{uf}} = \dot{U}_{\mathrm{o}} / \dot{U}_{\mathrm{i}}$。

④ 计算输入电阻 R_{if} 和输出电阻 R_{of}。

6）负反馈放大电路如图 3-20 所示。

① 电阻 R_{f} 引入什么类型的反馈？

② 试求电路的闭环电压放大倍数 $\dot{A}_{\mathrm{uf}} = \dot{U}_{\mathrm{o}} / \dot{U}_{\mathrm{i}}$。

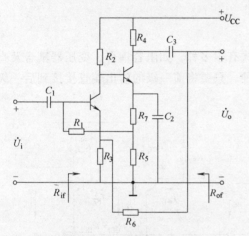

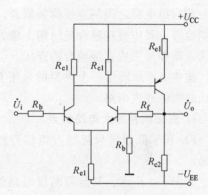

图 3-19　反馈放大电路　　　　　　　　　　图 3-20　负反馈放大电路

7）运算放大电路组成的反馈放大电路如图 3-21 所示。电路满足深度负反馈的条件，试判断电路的反馈类型，并计算电路的闭环电压放大倍数 $\dot{A}_{\mathrm{uf}} = \dot{U}_{\mathrm{o}} / \dot{U}_{\mathrm{i}}$。

8）负反馈放大电路如图 3-22 所示。

① 电路中的反馈是直流反馈还是交流反馈？

② 判断电路的反馈类型。

③ 计算闭环放大倍数 $\dot{A}_{\mathrm{uf}} = \dot{U}_{\mathrm{o}} / \dot{U}_{\mathrm{i}}$。

④ 估算输入电阻 R_{if} 和输出电阻 R_{of}。

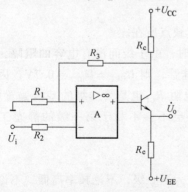

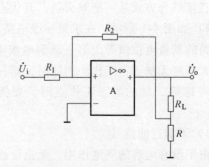

图 3-21　运算放大组成的反馈放大电路　　　　图 3-22　负反馈放大电路

第 4 章 运算放大电路

4.1 直接耦合放大电路

前后级电路之间的连接称为耦合，而耦合方式有很多种，如阻容耦合、变压器耦合及直接耦合等。其中直接耦合是结构上最为简单的一种，只要将前一级的输出端直接接到后一级的输入端即可完成直接耦合的连接。

图 4-1 所示即是一个典型的采用直接耦合方式的两级放大电路。

1. 直接耦合放大电路优点

1）利于低频信号甚至直流信号的放大与传递。

如图 4-1 所示，其前后两级电路的连接方式是直接相连，也就是说从前一级输出端输出的信号可以畅通无阻的进入后一级电路，这一点，在对一些微弱的、变化缓慢的非周期电信号（如压力、流量及温度等物理量经过传感器处理后转变而成的电信号）进行逐级传递时，其优势就会凸显出来。

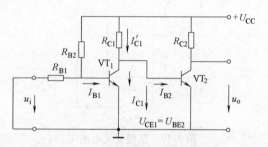

图 4-1 一个典型的采用直接耦合
方式的两级放大电路

2）利于集成化。

如图 4-1 所示，电路采用直接耦合的方式，没有大电容，没有变压器等大体积的元器件，便于集成化。

2. 直接耦合放大电路缺点

1）前后级静态工作点不独立。

直接耦合方式是一把双刃剑，其优点所在也正是其缺点所在。

2）如图 4-1 所示，在求第一级电路的静态工作点时，由于级间没有电容的阻隔，第二级电路的基极电位恒等于第一级集电极电位，如果是硅管，则 $U_{CE1} = U_{BE2} \approx 0.7V$，因而整个放大器将无法正常工作。而同时，第一级的集电极电阻 R_{C1} 也是第二级的基极偏置电阻，导致考虑第二级的静态工作点时，要衡量 R_{C1} 的大小会不会不利于第一级的静态工作点稳定。

3）不能过滤信号。

由于没有电容的隔绝作用，无论什么信号都可以进入下一级，不论频率高低，不论交直流，而有些信号是不希望一级级传递下去的。

4）存在零点漂移现象。

当电路工作环境温度变化时，电路的静态工作点会发生微小的变化，在直接耦合方式中，这种微小变化会被一级级的传递下去，如果不做处理，就会出现没有输入，却有明显的输出的情况。把这种输入电压为零，输出端却有缓慢的且变化不规则的电压输出的现象，称为零点漂移，如图 4-2 所示。由于零点漂移的产生原因是环境温度的变化，因此又被称为温度漂移。它可以说是直接耦合方式存在的独特现象，因为，虽然所有的放大电路在环境温度变化的情况下静态工作点都会有或多或少的变化，但是其他的耦合方式会因为电容等元件的阻隔作用，将之局限于本级之间，不会

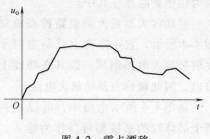

图 4-2 零点漂移

一级级的放大并传递下去。零点漂移如果不做任何处理，到最后甚至可能淹没有用信号。

3. 针对直接耦合方式的缺点的解决办法

由于直接耦合方式有利于集成化以及利于低频信号传送的特点，虽然它有缺点，但还是十分有用，现在的关键是如何弥补它的缺点。

1）针对前后级静态工作点不独立的解决办法。

为了使每一级都有合适的静态工作点，在第二级的发射极接入适当的电阻 R_{E2} 或稳压管 VD_z，抬高第二级发射极电位，以增大前级 U_{E1} 电压的作用，抬高第二级发射极电位的直接耦合放大电路如图 4-3 所示。

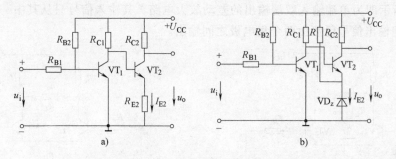

图 4-3 抬高第二级发射极电位的直接耦合放大电路

a）直接耦合放大电路 b）抬高第二级发射极电位的耦合放大电路

2）针对零点漂移现象的解决办法。

解决零点漂移，经常采用的是差动放大电路。

在这里，留个思考题：如果从字面理解，什么样的电路会是差动放大电路？它为什么能够解决零点漂移现象？具体答案，将在下一节内容揭晓。

4.2 差动放大电路

4.2.1 差动放大电路的电路特点与性能指标

上一节提到差动放大电路可以解决直接耦合电路零点漂移的现象，那么差动放大电路到底是什么样子的电路呢？图 4-4 所示就是一个典型的基本差动放大电路。

1. 差动放大器的电路特点

差动放大器为什么能够抑制零点漂移呢？在揭晓答案之前，先来看一下它的电路特点，

因为秘密就隐藏在其中。

差动放大器最大的电路特点就是结构对称，如图 4-4 所示，它在结构上就是由两个完全对称的共发射极放大电路组成，因其在功能上能够实现差动输出，因此被称为差动放大电路。

从图 4-4 所示电路中，可以看到它在结构上有两个晶体管的基极都可以作为输入，有两个晶体管的集电极都可以作为输出，由此，差动放大电路可以分为以下四种。

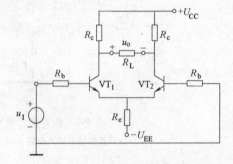

图 4-4　一个典型的基本差动放大电路

（1）双端输入双端输出

此种结构，输入信号 u_{i1} 和 u_{i2} 从两个晶体管的基极输入，输出信号则由两个集电极之间输出，图 4-4 所示即是一个典型的双入双出的差动放大电路。

（2）双端输入单端输出

图 4-5 所示即为双端输入单端输出的差动放大电路，其输入信号仍然由两个晶体管的基极输入，但是输出信号则只从一个晶体管的集电极输出。

（3）单端输入双端输出

图 4-6 所示即为单端输入双端输出的差动放大电路，其输入信号只从其中一个晶体管的基极进入，但输出信号仍然由两个集电极之间输出。

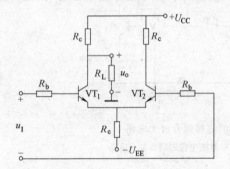

图 4-5　双端输入单端输出的差动放大电路

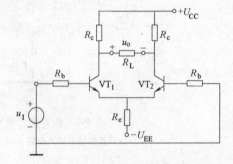

图 4-6　单端输入双端输出的差动放大电路

（4）单端输入单端输出

图 4-7 所示即为单端输入单端输出的差动放大电路，其输入信号只从一个晶体管的基极输入，输出信号也只从一个集电极输出。

这四种结构各自有各自的特点，后面再进行分析。

2. 抑制零点漂移

在前面就提到了差动放大电路可以抑制零点漂移，那么它到底如何做到的呢？从前面的电路结构图中已经知道差动放大电路的电路结构是左右对称的，这个左右对称其实有两层意思：一是结构对称，二是所有元器件的型号参数等均一致。就拿图 4-4 所示的双入双出的电路来说，当没有

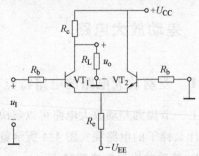

图 4-7　单端输入单端输出的差动放大电路

86

输入，即输入信号 u_{i1} 和 u_{i2} 为零时，输出 $u_o = u_{c1} - u_{c2}$，因为结构对称的原因，$u_{c1} = u_{c2}$，所以 $u_o = 0$；如果此时温度变化，引起输出电压变化，$\Delta u_{c1} = \Delta u_{c2}$，所以输出电压依然为零。因此，零点漂移得以抑制。而且，在前面的几个图中，还可以看到它们都采用了共用发射极电阻 R_e 的方式（这种方式因为其形状像拖了一个长尾巴，因此也被称为长尾式结构），R_e 在这里起着负反馈的作用，因为它的存在，就算不是双入双出的结构，其零点漂移的抑制作用也会相当明显。

3. 差动放大电路的性能指标

知道了差动放大电路是如何抑制零点漂移的了，接下来就要来看看怎么样才能衡量它的好坏。差动放大电路除了能够抑制零点漂移外，它还有另外一个重要作用，就是放大有用信号，因为它毕竟还是一个"放大"电路。因此它的主要的性能指标就集中在抑制零漂和放大有用信号这两方面。在具体罗列这些性能指标前，先来了解两个概念。

（1）差模输入

把大小相等，极性相反的两个信号称为差模信号。因此，在差动放大电路的两个输入端同时输入两个大小相等极性相反的信号 u_{i1} 和 u_{i2} 时，就会有一个输入电压 u_{id} 产生，并且 $u_{id} = u_{i1} - u_{i2}$。

把这种输入称为差模输入，此输入电压也被称为差模输入电压。由于 $u_{i1} = -u_{i2}$，所以，$u_{i1} = u_{i2} = -u_{id}/2$。

（2）共模输入

把大小相等，极性相同的两个信号称为共模信号。因此，当在差动放大电路两个输入端同时输入两个大小相等极性相同的信号 u_{i1} 和 u_{i2} 时，会有一个输入电压 u_{ic}，把它称为共模输入电压，且 $u_{ic} = u_{i1} = u_{i2}$。

接下来，再来看看几个主要的性能指标。

（3）差模电压放大倍数

差分放大电路工作时，对差模信号的放大，用差模电压放大倍数 A_{ud} 来表示，且 $A_{ud} = \left| \dfrac{u_{od}}{u_{id}} \right|$。

在实际工作时，所需要的有用信号通常以差模信号的形式出现，因此一般来说差模电压放大倍数都相对比较大。

（4）共模电压放大倍数

对于共模信号，也有一个参数来衡量其"放大"情况，即共模电压放大倍数 A_{uc}，且：$A_{uc} = \left| \dfrac{u_{oc}}{u_{ic}} \right|$。

因为出现零点漂移时，电路中的相关电压信号是共模形式的，因此 A_{uc} 越小（通常小于 1）表示电路抑制零点漂移的效果越好。

（5）共模抑制比

共模抑制比指差分放大器的差模电压放大倍数与共模电压放大倍数之比，即：$K_{CMR} = \left| \dfrac{A_{ud}}{A_{uc}} \right|$。

这是一个综合指标，它越大，表明电路的抑制零点漂移的效果越好，同时对有用信号的放大能力越强。通常还可以用分贝数来表示，即：

$$K_{CMR} = 20\lg\left|\frac{A_{ud}}{A_{uc}}\right|$$

【例 4-1】 已知 $A_{ud} = 100$，$A_{uc} = 0.1$，试计算 （1） $u_{i1} = 5mV$，$u_{i2} = -5mV$；
（2） $u_{i1} = 1005mV$，$u_{i2} = 995mV$ 两种情况下的输出电压 u_o。

解： （1）

差模输入信号： $u_{id} = u_{i1} - u_{i2} = [5 - (-5)]mV = 10mV$

共模输入信号： $u_{ic} = (u_{i1} + u_{i2})/2 = [5 + (-5)]mV = 0mV$

所以输出信号：

$$u_o = u_{od} + u_{oc} = A_{ud}u_{id} + A_{uc}u_{ic} = (100 \times 10 + 0.1 \times 0)mV = 1000mV$$

（2）

差模输入信号： $u_{id} = u_{i1} - u_{i2} = (1005 - 995)mV = 10mV$

共模输入信号： $u_{ic} = (u_{i1} + u_{i2})/2 = (1005 + 995)/2\,mV = 1000mV$

所以输出信号：

$$u_o = u_{od} + u_{oc} = A_{ud}u_{id} + A_{uc}u_{ic} = (100 \times 10 + 0.1 \times 1000)mV = 1100mV$$

4.2.2 差动放大电路的分析方式

1. 差动放大电路的分析方式

由于差动放大电路左右结构对称的电路特点，在具体分析时，可以只分析其中一半电路的参数，这种分析方式称之为差动放大电路的半电路分析法。

（1） 静态分析

分析图 4-4 所示的电路。当输入为零时，双入双出差动放大电路的直流通路如图 4-8 所示。

由于左右对称，其分析如下：

$I_{BQ1} = I_{BQ2} = I_{BQ}$，$I_{CQ1} = I_{CQ2} = I_{CQ}$，$I_{EQ1} = I_{EQ2} = I_{EQ}$，$U_{CEQ1} = U_{CEQ2} = U_{CEQ}$。由基极回路可得直流电压方程式为：

$$I_{BQ}R_b + U_{BEQ} + 2I_{EQ}R_e = U_{EE}$$

整理得： $I_{EQ} = \dfrac{U_{EE} - U_{BEQ}}{2\,R_e + \dfrac{R_b}{(1 + \beta)}}$

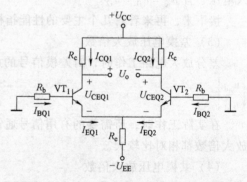

图 4-8 双入双出差动放大电路的直流通路

通常满足 $U_{EE} \gg U_{BEQ}$，$2R_e \gg \dfrac{R_b}{(1 + \beta)}$ 的条件，近似可得：

$$I_{CQ} \approx I_{EQ} \approx \frac{U_{EE}}{2R_e}$$

$$I_{BQ} = \frac{I_{CQ}}{\beta}$$

$$U_{CEQ} \approx U_{CC} + U_{EE} - I_{CQ}(R_c + 2R_e)$$

（2） 动态分析

当输入信号为差模输入时，差模输入时的交流通路如图4-9所示。

由于差模输入时，$u_{i1} = -u_{i2}$，而且因为电路的对称性，其输出电压 u_{o1} 与 u_{o2} 也具备大小相同方向相反的特性，即 $u_{o1} = -u_{o2}$。因此，此时的差模电压放大倍数：

$$A_{ud} = \frac{u_o}{u_{id}} = \frac{u_{o1} - u_{o2}}{u_{i1} - u_{i2}}$$

$$= \frac{u_{o1}}{u_{i1}}$$

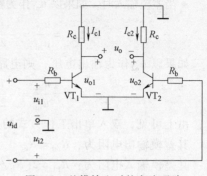

图4-9　差模输入时的交流通路

画其交流通路的关键在于对发射极偏置电阻 R_{EE} 和负载电阻 R_L 的处理，一般可以考虑：

- 对于 R_{EE}，差模输入时视为短路；共模输入时视为 $2R_{EE}$。
- 对于负载 R_L，如果是差模输入单端输出考虑为单管负载为 R_L，双端输出则是 $R_L/2$；如果是共模输入，单端输出，单管负载为 R_L，双端输出则相当于开路。

2. 四种工作模式的具体分析

差动放大器根据其输入、输出的结构不同可以分为：双入双出、双入单出、单入单出、单入双出四种类型，这四种各自有各自的特点。

（1）双端输入/双端输出方式

电路如图4-4所示，其直流通路如图4-8所示，交流通路如图4-9所示。

- 当差模输入时，$i_{b1} = -i_{b2}$，$i_{c1} = -i_{c2}$

因此　　　　　　　　$u_{id} = u_{i1} - u_{i2} = i_{b1}r_{be1} - i_{b2}r_{be2} = 2i_{b1}r_{be}$

$$u_{od} = u_{o1} - u_{o2} = -i_{c1}R_{c1} - (-i_{c2}R_{c2}) = -2\beta i_{b1}R_c$$

所以　　　　　　　　$A_{ud} = \frac{u_{od}}{u_{id}} = \frac{-2\beta i_{b1}R_c}{2i_{b1}r_{be}} = -\frac{\beta R_c}{r_{be}}$

当 VT_1、VT_2 集电极间接负载电阻 R_L 时，对 VT_1 管 i_{c1} 增加，u_{o1} 减小；对 VT_2 管 i_{c2} 减小，u_{o2} 增加；u_{o2} 增加量等于 u_{o1} 减小量，大小相等，方向相反，负载电阻 R_L 的中点为交流地电位，差分放大器交流等效电路中每个单边的等效负载为 $R_L/2$，上式的 R_c 修正为 $R_L' = R_c \mathbin{/\mkern-5mu/} (R_L/2)$。

差模输入电阻为：$R_{id} = 2(R_b \mathbin{/\mkern-5mu/} r_{be})$

当 $R_b \gg r_{be}$ 时，差模输入电阻为：$R_{id} \approx 2r_{be}$

差模输出电阻为：$R_{od} = 2R_c$

- 当共模输入时，$u_{i1} = u_{i2} = u_{ic}$，$u_{oc} = u_{oc1} - u_{oc2} = 0$

所以 $A_{uc} = \frac{u_{oc}}{u_{ic}} = \frac{u_{oc1} - u_{oc2}}{u_{ic}} = 0$

由上可知，双入双出的差动放大电路，如电路完全对称，其放大倍数与单管共射极放大电路相同，而同时它对共模信号的抑制能力无穷大。当然实际上，电路很难做到完全对称，可是即便这样，其对共模信号的抑制能力也还是非常强大。

（2）双端输入/单端输出方式

只要将双入双出的电路改一下，仅以 u_{o1} 或者 u_{o2} 作为输出即可得到双入单出的差动放大电路。

- 当差模输入时，如果以 u_{o1} 作为输出电压，则电路此时为反相放大器，其差模电压增益为：

$$A_{ud1} = \frac{u_{o1}}{u_{id}} = -\frac{i_{c1}R_{c1}}{2i_{b1}r_{be}} = -\frac{\beta i_{b1}R_{c1}}{2i_{b1}r_{be}} = -\frac{\beta R_c}{2r_{be}} = \frac{1}{2}A_{ud}$$

如果以 u_{o2} 作为输出电压，则电路此时为同相放大器，差模电压增益为：

$$A_{ud2} = \frac{u_{o2}}{u_{id}} = -\frac{i_{c2}R_{c2}}{2i_{b2}r_{be}} = -\frac{\beta i_{b2}R_{c2}}{2i_{b1}r_{be}} = \frac{\beta R_c}{2r_{be}} = -\frac{1}{2}A_{ud}$$

由上可见，双入单出工作方式的差模电压增益为双端输出时的一半。

其差模输出电阻为：$R_{od} = R_c$

其差模输入电阻为：$R_{id} = 2(R_b /\!/ r_{be})$

当 $R_b \gg r_{be}$ 时，差模输入电阻为：$R_{id} \approx 2r_{be}$

- 共模输入时，$A_{uc} \approx -\dfrac{R'_L}{2R_e}$，其中：$R'_L = R_{c1} /\!/ R_L$

（3）单端输入/双端输出方式

电路如图 4-6 所示，差动放大器的一个输入端接地，另一个接输入信号。

- 差模输入时，令 $u_{i1} = u_{id}$，$u_{i2} = 0$，此时由于 VT_1、VT_2 处于导通状态，$r_{be1} = r_{be2}$，u_{id} 均分在两个晶体管的基极和发射极之间，即 $u_{be1} = u_{id}/2$，$-u_{be2} = u_{eb2} = u_{id}/2$，相当于一端加正输入信号，另一端加负输入信号，因此单端输入时电路的工作状态与双端输入时相同，也即单端输入情况下，差分放大电路在双端输出和单端输出时的差模增益，输入电阻，输出电阻与双端输入情况下相同。

即差模增益为：

$$A_{ud} = -\frac{\beta\left(R_c /\!/ \dfrac{R_L}{2}\right)}{r_{be}}$$

差模输入电阻为：

$$R_{id} = 2r_{be}$$

差模输出电阻为：

$$R_o = 2R_c$$

- 共模输入时，其共模增益与双端输出一样，即：

$$A_{uc} = 0$$

（4）单端输入/单端输出方式

由上已知，此时的分析与双入单出的方式一样，即：

- 差模输入时，

$$A_{ud} = \pm\frac{\beta(R_c /\!/ R_L)}{2r_{be}}$$

$$R_{id} = 2r_{be}$$

$$R_o = R_c$$

- 共模输入时，

$$A_{uc} \approx -\frac{R'_L}{2R_e}$$

$$R'_L = R_{c1} /\!/ R_L$$

【例4-2】 干扰常以共模信号形式出现，设共模干扰信号幅度 $u_{ic} = 1\,\mathrm{mV}$，有用差模信号 $u_{id} = 1\,\mu\mathrm{V}$，$K_{CMR} = 1000$，$A_{ud1} = 100$，求：单端输出电压 u_{o1}。

解：

差模输出电压：$u_{od1} = A_{ud1} \times u_{id} = 100 \times 1\,\mu\mathrm{V} = 0.1\,\mathrm{mV}$

共模输出电压：$u_{oc1} = A_{uc1} u_{ic} = \dfrac{A_{ud1} u_{ic}}{K_{CMR}} = \dfrac{100 \times 1\,\mathrm{mV}}{1000} = 0.1\,\mathrm{mV}$

总输出电压：

$$u_{o1} = A_{ud1} u_{id} + A_{uc} u_{ic} = A_{ud} u_{id} \left[1 + \frac{A_{uc} u_{ic}}{A_{ud} u_{id}} \right] = A_{ud} u_{id} \left[1 + \frac{1}{K_{CMR}} \cdot \frac{u_{ic}}{u_{id}} \right] = 0.2\,\mathrm{mV}$$

由此可以看出，当共模抑制比 K_{CMR} 和共模信号与差模信号的比值 u_{ic}/u_{id} 相等时，总输出电压中差模输出电压与共模输出电压相等，干扰信号幅度等于有用信号幅度，因此应加大共模抑制比，用以减小输出共模信号。

4.2.3 电路分析与仿真

差动放大电路的功能为放大两个信号之差。由于在电路和性能方面有许多优点，因而成为集成运算放大器的主要组成单元。

1. 差动放大器电路组成结构

根据差动放大器原理，图4-10所示为差动放大器仿真电路。其中 U_1、U_2、XMM1 为电压表，双踪示波器分别接在两个晶体管的基极，用以观察其输入信号的波形。U_1、U_2 为差动放大器的两个输入信号源。

图4-10所示的电路中，当 U_1、U_2 的相位差为 180° 时，即此时为差模输入。图4-11所

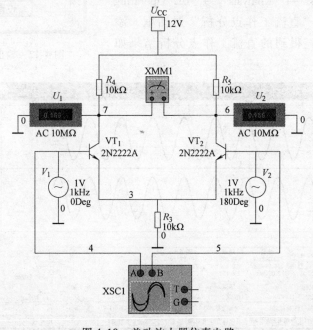

图4-10 差动放大器仿真电路

示为示波器显示 U_1、U_2 差模输入差动放大器两个输入信号的波形；图 4-12 所示为电压表上显示差动放大器各点输出端的电压值。

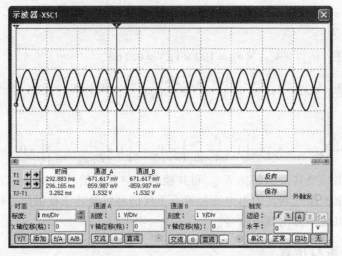

图 4-11　差模输入差动放大器的两个输入信号波形

图 4-10 所示的电路中，当 U_1、U_2 的相位差为 0° 时，即此时为共模输入。图 4-13 为示波器显示 U_1、U_2 共模输入差动放大器两个输入信号的波形；图 4-14 所示为电压表上显示差动放大器各点输出端的电压值。

2. 差动放大器电路的静态工作点分析

单击 "Simulate" → "Analysis" → "DC Operating Point" 选项，弹出 "直流工作点分析" 对话框，添加需分析的工作点，得到的直流工作点分析结果如图 4-15 所示。

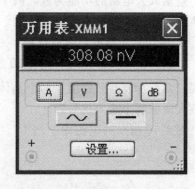

图 4-12　输出端的电压值

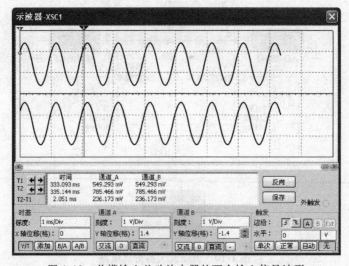

图 4-13　共模输入差动放大器的两个输入信号波形

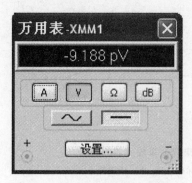

图 4-14　输出端的电压值

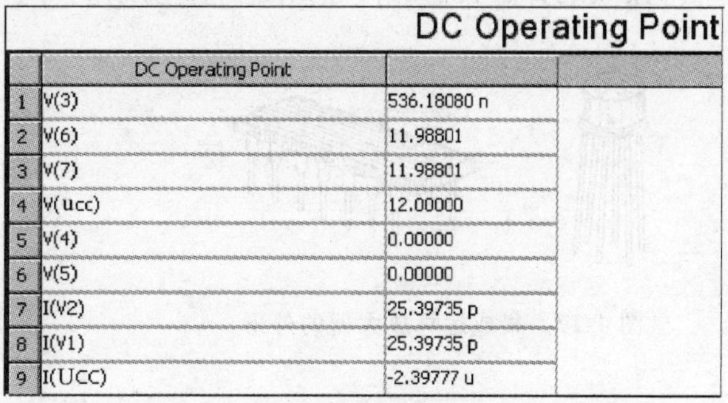

<table>
<tr><th colspan="3">DC Operating Point</th></tr>
<tr><th></th><th>DC Operating Point</th><th></th><th></th></tr>
<tr><td>1</td><td>V(3)</td><td>536.18080 n</td><td></td></tr>
<tr><td>2</td><td>V(6)</td><td>11.98801</td><td></td></tr>
<tr><td>3</td><td>V(7)</td><td>11.98801</td><td></td></tr>
<tr><td>4</td><td>V(ucc)</td><td>12.00000</td><td></td></tr>
<tr><td>5</td><td>V(4)</td><td>0.00000</td><td></td></tr>
<tr><td>6</td><td>V(5)</td><td>0.00000</td><td></td></tr>
<tr><td>7</td><td>I(V2)</td><td>25.39735 p</td><td></td></tr>
<tr><td>8</td><td>I(V1)</td><td>25.39735 p</td><td></td></tr>
<tr><td>9</td><td>I(UCC)</td><td>-2.39777 u</td><td></td></tr>
</table>

图 4-15　直流工作点的分析结果

3. 差动放大器电路的频率特性分析

单击 "Simulate"→"Analysis"→"AC Analysis" 选项，弹出 "交流工作点分析" 对话框，添加需分析的频率特性的工作点，得到的频率特性分析结果如图 4-16 所示。

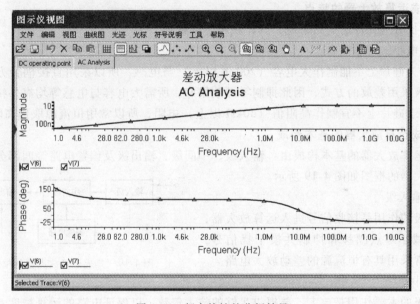

图 4-16　频率特性的分析结果

4.3　集成运算放大器

4.3.1　集成运算放大器的简介

集成电路是指利用常用的晶体管硅平面制造工艺技术，把组成电路的电阻、二极管及晶体管等有源、无源器件及其内部连接同时制作在一块很小的硅基片上，构成的具有特定功能的电子电路。

1. 集成运算放大器的外形与符号

常见的集成运算放大器，其外形有圆形、扁平形及双列直插式等，如图 4-17 所示。

集成运算放大器的符号如图 4-18 所示。

图 4-17　集成运算放大器的外形

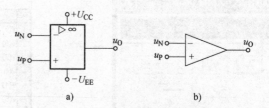

图 4-18　集成运算放大器的符号

a）国家标准符号　b）通用符号

集成运算放大器的符号中，有两个输入端，一个输出端。标为"＋"的输入端，被称为同相输入端，即该端输入信号变化的极性与输出端相同，其输入电压用 u_+ 或者 u_p 表示；标为"－"的被称为反相输入端，即该端输入信号变化的极性与输出端相反，其输入电压用 u_- 或者 u_N^* 表示。

2. 集成运算放大器的特点

1）相比分立元件的电路来说，其体积小、重量轻。

2）耗电小，可靠性高。

3）因为硅片上不能制作大电容（200pF 以上）与电感，所以采用直接耦合方式，但由于其第一级采用差放的方式，因此抑制零漂效果好。所需大电容与电感等均靠外接。

4）由于硅片上不宜制作高阻值（30kΩ 以上）电阻，所以常用恒流源取代高阻值电阻。

3. 集成运算放大器的基本组成

集成运算放大器的基本构成由：输入级、中间级、输出级及偏置电路等四部分构成。集成运算放大器的框图如图 4-19 所示。

（1）输入级

输入级的作用是接收信号进入运算放大器，为了能够减小零点漂移和抑制共模干扰信号，输入级通常采用具有恒流源的差动放大电路。

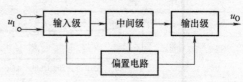

图 4-19　集成运算放大器的框图

（2）中间级

中间级的主要作用是放大，要提供足够的放大倍数，以保证电路的运算精度，又被称为电压放大级。通常采用共发射极放大电路。

（3）输出级

输出级的主要作用是输出足够的电流以满足负载的需要，要求输出电阻小，带负载能力强。输出级一般由射极输出器组成，更多的是采用互补对称推挽放大电路。

（4）偏置电路

偏置电路的作用是为各个部分提供稳定的几乎不随温度变化的偏置电流，以稳定工作点。一般由各种恒流源构成。

4. 集成运算放大器的主要参数

（1）差模电压增益 A_{ud}

差模电压增益是指在标称电源电压和额定负载下，开环运用时对差模信号的电压放大倍数。A_{ud} 是频率的函数，但通常给出的是直流开环增益。

（2）共模抑制比 K_{CMR}

共模抑制比是指运算放大器的差模电压增益与共模电压增益之比，并用对数表示。即，

$$K_{CMR} = 20 \lg \left| \frac{A_{ud}}{A_{uc}} \right|$$

K_{CMR} 越大越好。

（3）差模输入电阻 r_{id}

差模输入电阻是指运算放大器对差模信号所呈现的电阻，即运算放大器两输入端之间的电阻。

（4）输入偏置电流 I_{IB}

I_{IB} 是指运算放大器在静态时，流经两个输入端的基极电流的平均值。即，

$$I_{IB} = (I_{B1} + I_{B2})/2$$

输入偏置电流越小越好，通用型集成运算放大器的输入偏置电流 I_{IB} 约为几个微安（μA）数量级。

（5）输入失调电压 U_{IO} 及其温漂 dU_{IO}/dT

理论上输入为零时，输出应该为零，但实际上，当输入电压为零，却可能存在一定的输出电压，将其折算到输入端就是输入失调电压，它在数值上等于输出电压为零时，输入端应施加的直流补偿电压，它反映了差动输入级元件的失调程度。通用型运算放大器的 U_{IO} 之值在 $2\sim 10mV$ 之间，高性能运算放大器的 U_{IO} 小于 $1mV$。

输入失调电压对温度的变化率 dU_{IO}/dT 称为输入失调电压的温度漂移，简称为温漂，用以表征 U_{IO} 受温度变化的影响程度。一般以 μV/℃ 为单位。通用型集成运算放大器的指标为微伏（μV）数量级。

（6）输入失调电流 I_{IO} 及其温漂 dI_{IO}/dT

理想情况下，集成运算放大器两个输入端的静态电流应该完全相等，但实际上，当集成运算放大器的输出电压为零时，流入两输入端的电流并不相等，它们之间的差值 $I_{IO} = I_{B1} - I_{B2}$ 就是输入失调电流。造成输入电流失调的主要原因是差分对管的β失调。I_{IO} 越小越好，一般为 $1\sim 10nA$。

输入失调电流对温度的变化率 dI_{IO}/dT 称为输入失调电流的温度漂移，简称为温漂，用以表征 I_{IO} 受温度变化的影响程度。这类温度漂移一般为 $1\sim 5nA/℃$，好的可达 pA/℃ 数量级。

（7）输出电阻 r_o

开环时，运算放大器输出端等效为电压源时的等效动态内阻称为运算放大器的输出电阻，记为 r_o，其理想值为零，实际值一般为 $100\Omega \sim 1k\Omega$。

（8）开环带宽 BW

开环带宽是指运算放大器在放大小信号时，开环差模增益下降 3dB 时所对应的频率 f_H，又被称为 $-3dB$ 带宽。

（9）转换速率 S_R

转换速率又称为上升速率或压摆率，是指运算放大器闭环状态下，输入为大信号（例如阶跃信号）时，放大电路输出电压对时间的最大变化速率，即：

$$S_R = \left. \frac{du_o(t)}{dt} \right|_{\max}$$

S_R 的大小反映了运算放大器的输出对于高速变化的大输入信号的响应能力。S_R 越大，表示运算放大器的高频性能越好。

（10）最大差模输入电压 U_{idmax}

最大差模输入电压是指运算放大器两输入端能承受的最大差模输入电压，超过此电压时，差放对管将出现反向击穿现象。

（11）最大共模输入电压 U_{icmax}

最大共模输入电压是指在保证运算放大器正常工作条件下，共模输入电压的允许范围。共模输入电压超过此值时，输入差放对管出现饱和，放大器失去共模抑制能力。

5. 理想集成运算放大器

（1）理想集成运算放大器的条件

一般来说，把满足以下条件的集成运算放大器称为理想集成运算放大器。

- 开环电压放大倍数 $A_{\text{ud}} \to \infty$。实际大于等于 80dB 即可。
- 输入电阻 $r_{\text{id}} \to \infty$。实际上 r_{id} 比输入端外电路的电阻大 2~3 个数量级即可。
- 输出电阻 $r_{\text{od}} \to 0$。实际上 r_o 比输入端外电路的电阻小 1~2 个量级即可。
- 共模抑制比 $K_{\text{CMR}} \to \infty$。
- 带宽 $\text{BW} \to \infty$。

真正的理想集成运算放大器并不存在，但实际的集成运算放大器的技术指标都比较接近理想值，采用理想化的分析方式一般不会造成什么影响，同时分析还相对简单方便。

（2）理想集成运算放大器的传输特性

集成运算放大器的电压传输特性是指输出电压与输入电压的关系，即：

$$u_o = A_{\text{od}}(u_+ - u_-)$$

理想的集成运算放大器的传输特性曲线如图 4-20 中实线所示。

在实际的情况下从负值到正值不会瞬间跃变，会有一个过渡过程，如图 4-20 中虚线所示。

由 4-20 所示曲线图，可知集成运算放大器有两个工作区域：线性区域和非线性区域，图中虚线区域即线性区，实线区域即非线性区。

在非线性区域中，当 $u_- < u_+$ 时，$u_o = +U_{\text{om}}$，反之，则 $u_o = -U_{\text{om}}$。

（3）虚短和虚断

在理想集成运算放大器的分析中，有两个非常重要的概念，即"虚短"和"虚断"。

- 虚短

当集成运算放大器工作在线性区时，输出电压无论如何变化，总是有限的，而

$$A_{\text{ud}} \to \infty$$

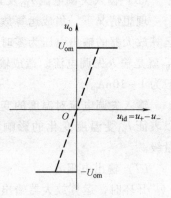

图 4-20 理想的集成运算放大器的传输特性曲线

所以
$$u_{id} = u_{od}/A_{ud} \approx 0$$

由于 $u_{id} = u_+ - u_- \approx 0$

得 $u_+ \approx u_-$

即反相输入电压与同相输入电压几乎相等，但又没有真正相等，即是虚短路，简称"虚短"。

假设此时，同相端接地，使 $u_+ = 0$，则有 $u_- \approx 0$。此时反相端会被称为"虚地"。

● 虚断

由于集成运算放大器的输入电阻 $r_{id} \to \infty$，输入端相当于开路，即两个输入端的电流 $i_- = i_+ \approx 0$，输入端几乎不流入电流，这种现象被称为虚断路，简称"虚断"。"虚断"在线性区和非线性区均存在。

4.3.2 集成运算放大器的应用

1. 集成运算放大器的线性应用

（1）比例运算电路

比例运算电路是指输出电压与输入电压呈一定的比例关系的电路。根据输入信号是加在同相输入端还是反相输入端，被分为同相比例运算电路和反相比例运算电路。

● 反相比例运算电路

基本的反相比例运算电路如图4-21所示。

u_i 经过电阻 R_1 加到集成运算放大器的反相输入端，反馈电阻 R_F 接在输出端和反相输入端之间，构成电压并联负反馈，此时集成运算放大器工作在线性区。

因为集成运算放大器的同相输入端与反相输入端是集成运算放大器内部电路中输入级差动放大电

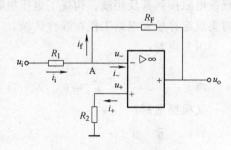

图4-21　反相比例运算电路

路的差放对管的两个基极，也即是说，R_1、R_F 与 R_2 分别是反相输入端与同相输入端的基极电阻，此时为了消除输入偏置电流和零点漂移的影响，要尽量保证运算放大器处于平衡对称的工作状态，因此必须保证两个输入端的外接电阻要相等，而此时因为虚断的缘故，从反相输入端看去，R_1 与 R_F 是一种并联的关系，所以此时：

$$R_2 = R_1 /\!/ R_F$$

因为虚断：

$$i_+ = i_- \approx 0$$

得 $u_+ = 0$，$i_i = i_f$

又因为虚短：

$$u_- \approx u_+ = 0$$

此时 A 点被称为虚地点。虚地是反相输入放大电路的一个重要特点。

又因为有：

$$i_1 = \frac{u_i}{R_1}, i_f = -\frac{u_o}{R_F}$$

所以：

$$\frac{u_i}{R_1} = -\frac{u_o}{R_F}$$

即：

$$A_u = \frac{u_o}{u_i} = -\frac{R_F}{R_1}$$

或：

$$u_o = -\frac{R_F}{R_1} \times u_i$$

当：

$$R_1 = R_F = R \text{ 时}$$

$$u_o = -u_i$$

即输入电压与输出电压大小相等、相位相反，反相比例运算电路此时即成为反相器。

由于反相比例运算电路引入的是深度电压并联负反馈，因此它使输入和输出电阻都减小，输入和输出电阻分别为：

$$R_i \approx R_1$$

$$R_o \approx 0$$

● 同相比例运算电路

基本的同相比例运算电路如图 4-22 所示。

u_i 经过电阻 R_2 接到集成运算放大器的同相端，反馈电阻接到其反相端，构成了电压串联负反馈。此时集成运算放大电路工作在线性区域。

因为虚断：

$$i_+ \approx 0$$

得：

$$u_+ = u_i$$

又根据虚短：

有：

$$u_+ \approx u_-$$

所以：

$$u_i \approx u_- = u_o \frac{R_1}{R_1 + R_F}$$

即：

$$A_u = \frac{u_o}{u_i} = 1 + \frac{R_F}{R_1}$$

或：

$$u_o = \left(1 + \frac{R_F}{R_1}\right)u_i$$

当：$R_F = 0$ 或 $R_1 \to \infty$ 时，此时：

$$u_o = u_i$$

即输出电压与输入电压大小相等、相位相同，电路如图 4-23 所示，因其输出电压跟随输入电压而变，所以称为电压跟随器。

由于同相比例运算电路引入的是深度电压串联负反馈，因此它使输入电阻增大、输出电阻减小，输入

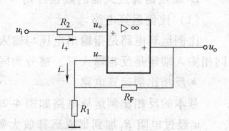

图 4-22　同相比例运算电路

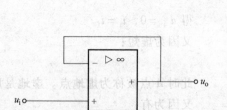

图 4-23　电压跟随器

和输出电阻分别为：

$$R_i \to \infty$$
$$R_o \approx 0$$

【例4-3】 电路如图4-24所示，$R_1 = 10\text{k}\Omega$，$R_f = 20\text{k}\Omega$，$u_i = -1\text{V}$。求：

1）u_o、R_i为多少？

2）说明R_0的作用，R_0应为多大？

解：1）此为反相比例运算电路，所以：

$$A_u = -\frac{R_f}{R_1} = -\frac{20}{10} = -2$$

$$u_o = A_u u_i = (-2) \times (-1) = 2\text{V}$$

$$R_i = R_1$$

2）R_0为同相输入端外接电阻，是一个为了保证集成运算放大器处于平衡工作状态的平衡电阻，$R_0 = R_1 /\!/ R_f = \dfrac{10 \times 20}{10 + 20} \approx 6.67\text{k}\Omega$。

（2）加法运算电路与减法运算电路

· 加法运算电路

加法运算电路如图4-25所示。所谓的加法运算就是能将多个输入信号按照一定比例叠加起来。

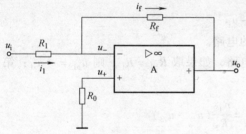

图4-24 【例4-3】电路

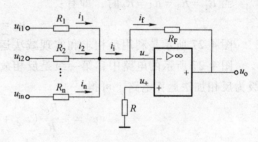

图4-25 加法运算电路

根据基尔霍夫电流定律，得：

$$i_i = i_1 + i_2 + i_3$$

因为虚断，所以得：

$$i_f = i_i = i_1 + i_2 + \cdots + i_n$$

又因为虚短，所以：

$$i_1 = \frac{u_{i1}}{R_1}, i_2 = \frac{u_{i2}}{R_2}, \cdots, i_n = \frac{u_{in}}{R_n}$$

则输出电压：

$$u_o = -R_F i_f = -R_F \left(\frac{u_{i1}}{R_1} + \frac{u_{i2}}{R_2} + \cdots + \frac{u_{in}}{R_n} \right)$$

如果$R_1 = R_2 = \cdots = R_n = R_F$，则：

$$u_o = -(u_{i1} + u_{i2} + \cdots + u_{in})$$

· 减法运算电路

减法运算电路如图 4-26 所示。这是一个利用集成运算放大的差放电路来实现输入信号按比例相减的运算电路。

在图 4-26 中，u_{i2} 经 R_1 加到反相输入端，u_{i1} 经 R_2 加到同相输入端。

根据叠加定理，可以假设 $u_{i1} = 0$，当 u_{i2} 单独作用时，电路成为反相放大电路，其输出电压：

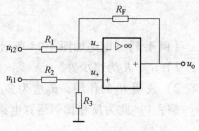

图 4-26 减法运算电路

$$u_{o2} = -\frac{R_F}{R_1} u_{i2}$$

再令 $u_{i2} = 0$，u_{i1} 单独作用时，电路成为同相放大电路，同相端电压：

$$u_+ = \frac{R_3}{R_2 + R_3} u_{i1}$$

则输出电压为：

$$u_{o1} = \left(1 + \frac{R_F}{R_1}\right)u_+ = \left(1 + \frac{R_F}{R_1}\right)\left(\frac{R_3}{R_2 + R_3}\right)u_{i1}$$

因此，当 u_{i1} 和 u_{i2} 同时输入时，则：

$$u_o = u_{o1} + u_{o2} = \left(1 + \frac{R_F}{R_1}\right)\left(\frac{R_3}{R_2 + R_3}\right)u_{i1} - \frac{R_F}{R_1} u_{i2}$$

当 $R_1 = R_2 = R_3 = R_F$ 时，即有：

$$u_o = u_{i1} - u_{i2}$$

图 4-27 所示是利用反相求和实现减法运算的电路。

图 4-27 所示的电路中，第一级是反相放大电路，如果取 $R_{F1} = R_1$，则 $u_{o1} = -u_{i1}$；第二级为反相加法运算电路，可得：

$$u_o = -\frac{R_{F2}}{R_2}(u_{o1} + u_{i2}) = \frac{R_{F2}}{R_2}(u_{i1} - u_{i2})$$

如果 $R_2 = R_{F2}$，则：

$$u_o = u_{i1} - u_{i2}$$

【例 4-4】 电路如图 4-28 所示，求输出与各输入电压之间的关系。

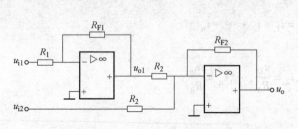

图 4-27 利用反相求和实现减法运算的电路

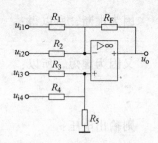

图 4-28 【例 4-4】电路

解：因为电路中有 4 个输入信号，根据叠加定理，可以先假设其中一个有输入，而其他几个输入端均接地，求出此时的输出，以此类推求出 4 个输出，然后将之叠加，即可求出最后的输出。

当 u_{i1} 单独输入、其他输入端接地时，有：

$$u_{o1} = -\frac{R_F}{R_1}u_{i1} \approx -1.3u_{i1}$$

当 u_{i2} 单独输入、其他输入端接地时，有：

$$u_{o2} = -\frac{R_F}{R_2}u_{i2} \approx -1.9u_{i2}$$

当 u_{i3} 单独输入、其他输入端接地时，有：

$$u_{o3} = \left(1 + \frac{R_F}{R_1 /\!/ R_2}\right)\left(\frac{R_4 /\!/ R_5}{R_3 + R_4 /\!/ R_5}\right)u_{i3} \approx 2.3u_{i3}$$

当 u_{i4} 单独输入、其他输入端接地时，有：

$$u_{o4} = \left(1 + \frac{R_F}{R_1 /\!/ R_2}\right)\left(\frac{R_3 /\!/ R_5}{R_4 + R_3 /\!/ R_5}\right)u_{i4} \approx 1.15u_{i4}$$

最后可得：

$$u_o = u_{o1} + u_{o2} + u_{o3} + u_{o4} = -1.3u_{i1} - 1.9u_{i2} + 2.3u_{i3} + 1.15u_{i4}$$

【例 4-5】 请写出图 4-29 所示电路的输出电压表达式。

解：第一级放大电路是一个反向输入比例运算电路，所以：

$$u_{o1} = -10u_{i1}$$

第二级放大电路是一个将 u_{o1}、u_{i2}、u_{i3} 进行叠加运算的电路，即：

$$u_o = -u_{o1} + (-2u_{i2}) + (-5u_{i3}) = 10u_{i1} - 2u_{i2} - 5u_{i3}$$

（3）积分运算电路与微分运算电路

• 积分运算电路

积分运算电路是指其输出电压与输入电压呈积分运算关系，积分运算电路如图 4-30 所示。

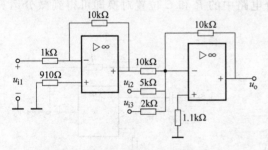

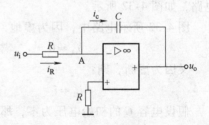

图 4-29 【例 4-5】电路　　　　　　　图 4-30 积分运算电路

在图 4-30 所示电路中，因为虚地，所以：

$$u_A \approx 0, i_R = u_i/R。$$

又因为虚断，所以有：

$$i_c \approx i_R$$

即电容 C 以 $i_c = u_i/R$ 进行充电。

假设电容 C 的初始电压为零，则 $u_o = -\frac{1}{C}\int i_c \mathrm{d}t = -\frac{1}{C}\int \frac{u_i}{R}\mathrm{d}t = -\frac{1}{RC}\int u_i \mathrm{d}t$

由此可以看出，输出电压为输入电压对时间的积分，且相位相反。

积分电路除了可以实现输出与输入的积分运算关系外，还可以进行信号的波形变换，如

【例4-6】所示内容。

【例4-6】 电路及输入波形分别如图4-31a和图4-31b所示，电容器 C 的初始电压 u_c(0) = 0，试画出输出电压 u_o 稳态的波形，并标出 u_o 的幅值。

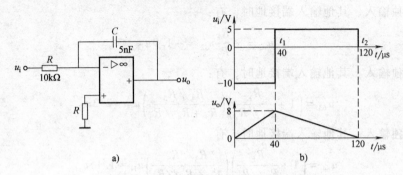

图4-31 【例4-6】电路与输入、输出波形

解：当 $t = t_1 = 40\ \mu s$ 时，有：

$$u_o(t_1) = -\frac{u_i}{RC}t_1 = -\frac{-10V \times 40 \times 10^{-6}s}{10 \times 10^3 \Omega \times 5 \times 10^{-9}F} = 8V$$

当 $t = t_2 = 120\mu s$ 时，有：

$$u_o(t_2) = u_o(t_1) - \frac{u_i}{RC}(t_2 - t_1) = 8V - \frac{5V \times (120 - 40) \times 10^{-6}s}{10 \times 10^3 \Omega \times 5 \times 10^{-9}F} = 0V$$

输出波形如图4-31b所示。

• 微分运算电路

微分运算电路是指输出电压与输入电压呈微分关系的电路。微分运算与积分运算是相对应的，那么其实现电路也是如此，只需将积分电路中的 R 和 C 位置对换即可得到微分运算电路，如图4-32所示。

图4-32所示电路中，因为虚地，即：

$$u_A \approx 0$$

又因为虚断，则：

$$i_R \approx i_c$$

假设电容 C 的初始电压为零，那么：

$$i_c = C\frac{du_i}{dt}$$

则输出电压：

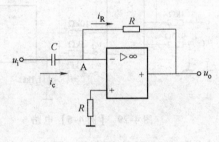

图4-32 微分运算电路

$$u_o = -i_R R = -RC\frac{du_i}{dt}$$

此电路输出电压为输入电压对时间的微分，且相位相反。

微分电路除了实现输出电压与输入电压之间的微分运算关系外，也可以实现波形转换，比如可以将方波转换成正负相间的尖脉冲（也被称为尖顶波）。实用微分电路及波形如图4-33所示。

【例4-7】 电路如图4-32所示，假设输入电压 $u_i = \sin\omega t$，求 u_o。

解：因为是微分电路，所以：

$$u_o = -RC \frac{du_i}{dt}$$

将 u_i 代入，即得：

$$u_o = -RC cos(-t)$$
$$= -RC sin(-t + 90°)$$

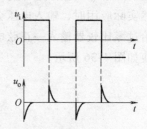

此电路具有移相的作用。

思考：微分电路具有移相的作用，那积分电路有没有呢？如果有，它们的区别在哪里？

图 4-33 实用微分电路及波形

2. 集成运算放大电路的非线性应用

当集成运算放大电路工作在非线性区域时，因为 $u_- < u_+$，则 $u_o = +U_{OM}$；反之，则 $u_o = -U_{OM}$，所以，可以根据输出电压的正负来判断两个输入端的电压信号谁大谁小。根据这个推断，就形成了以集成运算放大电路为核心组成的电压比较器。常见的电压比较器有非零比较器、过零比较器以及滞回比较器。

（1）非零电压比较器

非零电压比较器是指实现输入电压与非零的参考电压进行比较的电路，非零电压比较器如图 4-34a 所示。

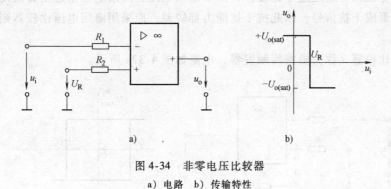

图 4-34 非零电压比较器
a) 电路 b) 传输特性

图 4-34a 所示电路中，U_R 为非零参考电压，u_i 经 R_1 输入到反相输入端，由于电路工作在开环状态，放大倍数很大（理想运算放大电路的放大倍数为 ∞），只要同相和反相输入端有微小的电压差，电路就会输出饱和电压 $U_{o(sat)}$。即：

当 $u_i < U_R$ 时：

$$u_o = +U_{o(sat)}$$

当 $u_i > U_R$ 时：

$$u_o = -U_{o(sat)}$$

其电压传输特性如图 4-34b 所示。

（2）过零电压比较器

过零电压比较器是指完成输入电压与 0 电压进行比较的电路，如图 4-35a 所示，它实际上是非零电压比较器的一个特例。

在图 4-35 所示电路中，输入电压从反相输入端进入，同相输入端则接地，此时如果输入电压大于零则输出电压为一负向饱和电压；如果输入电压小于零则输出一正向饱和电压。当然实际应用时，输入电压会经一电阻进入反相输入端，同相输入端与地之间也会有电阻。若给过零比较器输入一正弦电压，电路则输出方波电压，过零比较器输入为正弦波时的波形变换如图 4-36 所示。

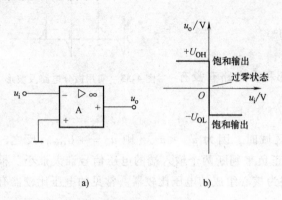

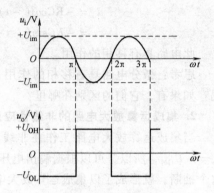

图 4-35　过零电压比较器
a) 电路　b) 传输特性

图 4-36　过零比较器输入为
正弦波时的波形变换

（3）滞回电压比较器

无论是非零比较器还是过零比较器，由于输入电压在门限电压附近稍有波动，就会使输出电压误动，形成干扰信号，因此抗干扰能力都较差，而采用滞回电压比较器则可以解决此问题。

滞回电压比较器又称为施密特触发器，电路如图 4-37a 所示。

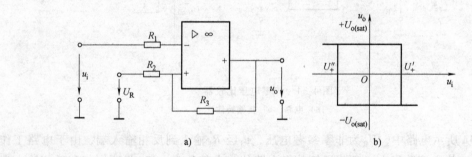

图 4-37　滞回电压比较器
a) 电路　b) 传输特性

图 4-37a 所示电路中，输出电压通过反馈支路送到同相输入端，形成正反馈，当输入电压 u_i 逐渐增大或减小时，对应门限电压不同，传输特性呈现"滞回"现象，如图 4-37b 所示。两门限电压分别为 U'_+ 和 U''_+，两者电压差 ΔU_+ 称为回差电压或门限宽度。

假设电路开始时输出高电平 $+U_{o(sat)}$，通过正反馈支路加到同相输入端的电压为 $\dfrac{R_2}{(R_2+R_3)}U_{O(sat)}$，由叠加原理可得，同相输入端的合成电压为上限门电压：

$$U'_+ = \frac{R_3 U_R}{R_2+R_3} + \frac{R_2 U_{o(sat)}}{R_2+R_3}$$

当 u_i 逐渐增大并等于 U'_+ 时，输出电压 u_o 就从 $+U_{o(sat)}$ 跃变到 $-U_{o(sat)}$，输出低电平。同样的分析，可得出电路的下限门电压为：

$$U''_+ = \frac{R_3 U_R}{R_2 + R_3} - \frac{R_2 U_{o(sat)}}{R_2 + R_3}$$

当 u_i 逐渐减小并等于 U''_+ 时，输出电压 u_o 就从 $-U_{o(sat)}$ 跃变到 $+U_{o(sat)}$，输出高电平。由以上两式可得，回差电压为：

$$\Delta U_+ = U'_+ - U''_+ = 2\frac{R_2}{R_2 + R_3} U_{o(sat)}$$

由此可见，回差电压 ΔU_+ 与参考电压 U_R 无关，改变电阻 R_2 和 R_3 的值，就可以改变门限宽度。

其实，集成运算放大电路的非线性运用除了电压比较器以外，还可以用作波形产生，这个在后面的信号产生这一章节会介绍。

【例 4-8】 电路如图 4-38 所示，当输入电压如图 4-39 所示时，请画出其输出波形。U_R 为 3V，稳压二极管稳压值为 6V。

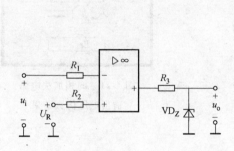

图 4-38 【例 4-8】电路

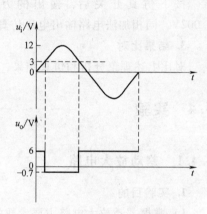

图 4-39 【例 4-8】输入、输出波形

解： 此电路是一个非零电压比较器，输入电压经由 R_1 进入反相输入端，同相输入端参考电压为 3V，也就是说，输入电压将与 3V 比较，如果大于 3V 则输出一个高电位，而此时稳压二极管工作，进行稳压，保证输出为 6V；当输入电压小于 3V，则输出一个低电位，此时稳压二极管导通，将输出电压钳制在 $-0.7V$。

4.3.3　电路分析与仿真

理想运算放大器特性在前面已经详细描述了。下面将以同相加法运算器电路为例分析运算的仿真电路。

图 4-40 所示为同相加法运算仿真电路。从电路中可以看出所有输入信号

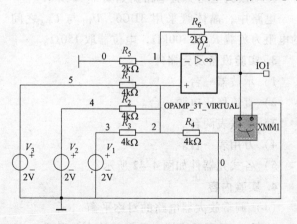

图 4-40　同相加法运算仿真电路

均送到运算放大器的同向输入端。

1. 理论分析

根据理想运算放大器的特性，则：

$$u_{\mathrm{Io1}} = \left(1 + \frac{R_6}{R_5}\right)u_+$$

其中 u_+ 与 3 个输入信号之间的关系为：

$$u_+ = \frac{R_2 /\!/ R_3 /\!/ R_4}{R_1 + (R_2 /\!/ R_3 /\!/ R_4)}u_{\mathrm{i}1} + \frac{R_1 /\!/ R_3 /\!/ R_4}{R_2 + (R_1 /\!/ R_3 /\!/ R_4)}u_{\mathrm{i}2} + \frac{R_1 /\!/ R_2 /\!/ R_4}{R_3 + (R_1 /\!/ R_2 /\!/ R_4)}u_{\mathrm{i}3}$$

当满足 $R_1 /\!/ R_2 /\!/ R_3 /\!/ R_4 = R_5 /\!/ R_6$ 时，上式可以简化为：

$$u_{\mathrm{Io1}} = R_6\left(\frac{u_{\mathrm{i}1}}{R_1} + \frac{u_{\mathrm{i}2}}{R_2} + \frac{u_{\mathrm{i}3}}{R_3}\right)$$

将 $u_{\mathrm{i}1} = u_{\mathrm{i}2} = u_{\mathrm{i}3} = 2\mathrm{V}$，$R_1 = R_2 = R_3 = 2\mathrm{k}\Omega$，$R_4 = R_5 = R_6 = 4\mathrm{k}\Omega$，代入上式得到输出电压为 3V。

2. 仿真结果

按下仿真开关后，输出的万用表显示的电压值为 3.002V，同相加法电路输出电压仿真结果如图 4-41 所示。

3. 结果比对

对比上述理论分析和仿真结果，几乎是一致的。

图 4-41 同相加法电路
输出电压仿真结果

4.4 实验

4.4.1 差动放大电路

1. 实验目的

1）掌握差动放大电路主要参数的测试方法。

2）更进一步体会差动放大电路的特性。

2. 实验电路

差动放大电路实验电路图如图 4-42 所示。

电路中，晶体管采用 3DG6，U_{01} 与 U_{02} 之间的电阻为负载 R_{L} 取 100kΩ，电位器取 150Ω。

3. 实验设备及元器件

1）示波器一台。

2）直流稳压电源一台。

3）毫伏表两台。

4）万用表一台。

5）各式元器件如图 4-42 所示。

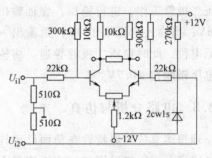

图 4-42 差动放大电路实验电路图

4. 实验内容

（1）调整放大器电路的对称平衡

按图 4-42 所示连接电路，并检查无误后，加上电源，并将两输入端接地，用万用表的表笔接在两个输出端，调节电位器，使输出电压逐渐降到零。

（2）差模电压放大倍数的测量

在两个输入端输入 $f=200\mathrm{Hz}$，$U_{id1}=-U_{id2}=50\mathrm{mV}$ 的差模信号，分别测量输入电压值及双端和各单端输出的电压值（U_{id1}、U_{od}、U_{od1} 与 U_{od2}），并分别算出双端输出的电压放大倍数 A_{ud} 和单端输出的电压放大倍数 A_{ud1} 或 A_{ud2}。

（3）共模电压放大倍数的测量

将两个输入端短接，输入 $f=200\mathrm{Hz}$，$U_{ic}=100\mathrm{mV}$ 的共模信号，分别测量输入电压值及双端和各单端输出的电压值（U_{ic}、U_{oc}、U_{oc1} 与 U_{oc2}），并分别算出双端输出的电压放大倍数 A_{uc} 和单端输出的电压放大倍数 A_{uc1} 或 A_{uc2}。

（4）由 A_{ud}、A_{ud1}、A_{uc} 与 A_{uc1} 值，分别算出双端、单端输出的共模抑制比

5. 实验报告

1）列表整理并分析数据。

2）分析讨论在实验过程中出现的问题。

3）其他（包括实验的心得、体会及意见等）。

4.4.2 集成运算放大器的线性应用

1. 实验目的

熟悉集成运算放大器的线性应用。

2. 实验电路

反相比例运算电路，加法运算电路、减法运算电路、积分运算电路分别如图 4-43 ~ 图 4-46 所示。

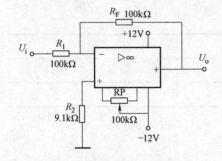

图 4-43 反相比例运算电路

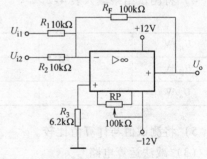

图 4-44 加法运算电路

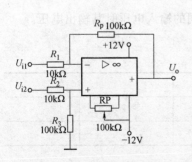

图 4-45 减法运算电路

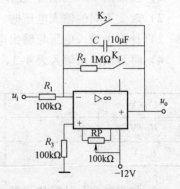

图 4-46 积分运算电路

3. 实验设备及元器件

1）示波器一台。

2）直流稳压电源一台。

3）毫伏表一台。

4）万用表一台。

5）如图 4-43 ~ 图 4-46 所示各式元器件（集成运算放大电路采用 LM741）。

4. 实验内容

（1）反相比例运算电路

1）按照图 4-43 所示连接电路，接通 ±12V 电源，输入端对地短路，进行调零和消振。

2）输入 $f = 100$Hz，$u_i = 0.5$V 的正弦交流信号，测量相应的 u_o，并用示波器观察 u_o 和 u_i 的相位关系，记入表 4-1。

表 4-1　测试结果 1

u_i/V	u_o/V	u_i波形	u_o波形	A_V	
				实测值	计算值

（2）反相加法运算电路

1）按照图 4-44 所示，连接电路，检查无误，接通电源。

2）改变不同的输入电压时，分别测试其输出电压。

3）计算出输入电压与输出电压的关系式，并计算有不同的输入电压时其输出电压。

4）将测试结果填入表 4-2。

表 4-2　测试结果 2

U_{i1}/V					
U_{i2}/V					
U_o/V					

5）将测试值与计算值比较。

（3）减法运算电路

1）按照图 4-45 所示，连接电路，检查无误，接通电源。

2）改变不同的输入电压时，分别测试其输出电压。

3）计算出输入电压与输出电压的关系式，并计算有不同的输入电压时其输出电压。

4）将测试结果填入表 4-3。

表 4-3　测试结果 3

U_{i1}/V					
U_{i2}/V					
U_o/V					

5）将测试值与计算值比较。

（4）积分电路

1）按照图 4-46 进行电路连接，检查无误，接通电源。

2）打开 K_2，闭合 K_1，对运算放大电路输出进行调零。

3）调零完成后，再打开 K_1，闭合 K_2，使 $u_C(0)=0$。

4）预先调好直流输入电压 $U_i=0.5V$，接入实验电路，再打开 K_2，然后用直流电压表测量输出电压 U_o，每隔 5s 读一次 U_o，记入表 4-4，直到 U_o 不继续明显增大为止。

表 4-4　测试结果 4

t/s	0	5	10	15	20	25	30	……
U_o/V								

注：可考虑在输入端加方波或者正弦波，用示波器观察其输出波形变化。

5. 实验报告

1）整理并分析数据。

2）分析讨论在实验过程中出现的问题。

3）其他（包括实验的心得、体会及意见等）。

附加：

集成运算放大器使用注意事项。

1. 信号的选取

输入信号选用交、直流量均可，但在选取信号的频率和幅度时，应考虑运算放大器的频响特性和输出幅度的限制。

2. 调零

为提高运算精度，在运算前，应首先对直流输出电位进行调零，即保证输入为零时，输出也为零。方法：将输入端短路接地，调整调零电位器，使输出电压为零。

3. 消除自激振荡

消除自激振荡的方法：

1）若运算放大有相位补偿端子，可利用外接 RC 补偿电路。

2）电路布线、元器件布局应尽量减少分布电容。

3）在正、负电源进线与地之间接上几十 μF 的电解电容和 $0.01\sim0.1\mu F$ 的陶瓷电容相并联以减小电源引线的影响。

4. 保护电路

1）利用二极管的限幅作用对输入信号幅度加以限制，以免输入信号超过额定值损坏集成运算放大器的内部结构。无论是输入信号的正向电压或负向电压超过二极管导通电压，则 VD_1 或 VD_2 中就会有一个导通，从而限制了输入信号的幅度，起到了保护作用，二极管保护电路（一）如图 4-47 所示。

2）利用二极管的单向导电特性防止由于电源极性接反而造成的损坏。当电源极性错接成上负下正时，两二极管均不导通，等于电源断路，从而起到保护作用。二极管保护电路（二）如图 4-48 所示。

3）利用稳压管 VD_1 和 VD_2 接成反向串联电路。若输出端出现过高电压，集成运算放大电路输出端电压将受到稳压管稳压值的限制，从而避免了损坏。二极管保护电路（三）如

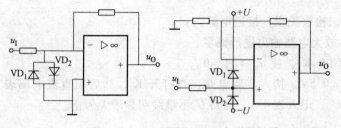
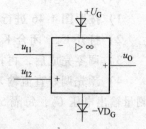

图 4-47 二极管保护电路（一）

图 4-48 二极管保护电路（二）

图 4-49 所示。

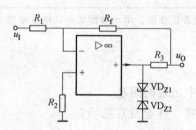

图 4-49 二极管保护电路（三）

4.5 习题

1. 填空题

1）集成运算放大电路通常由_____、_____、_____以及偏置电路组成。

2）输入级通常由_____构成，其目的是为了抑制放大电路的_____，提高输入电阻。中间级的主要作用是进行_____，输出级一般采用_____，要求其输出电阻小，带负载能力强。

3）_____称为差模输入方式。

4）在差动放大器两输入端同时输入一对极性相同、幅度相同的信号称为_____。

5）共模抑制比也常用分贝值_____表示。K_{CMR} 的值越_____表示运算放大对共模信号的抑制能力越强。

6）集成运算放大电路还可以按照其封装形式来分类，一般分为_____、_____和扁平式。

7）集成运算放大电路的工作区域有两个：_____、_____。

8）常见的电压比较器有这样三类：_____、_____和_____。

2. 选择题

1）运算放大电路如图 4-50 所示是（　　）

A. 电压跟随器　　　B. 电流跟随器

2）能够把方波转换成三角波的是（　　）

A. 微分电路　　　B. 积分电路

3）能够把方波转换成正负相间的尖脉冲的电路是（　　）　图 4-50　运算放大电路（一）

110

A. 微分电路　　　　　B. 积分电路

3. 判断题

1）由于集成电路内部输入电阻无穷大而使输入电流几乎为零的现象称之为"虚短"。　　　　　　　　　　　　　　　　　　　（　　）

2）理想运算放大电路处于非线性区域时，可考虑虚短和虚断。　　（　　）

3）虚短时，集成运算放大电路输入端不需用电流。　　　　　　　（　　）

4）理想运算放大电路工作在非线性区域时，具备以下特点：当 $u_i > 0$ 时，$u_o = + U_{OM}$；当 $u_i < 0$ 时，$u_o = - U_{OM}$。　　　　　　　　　　　　　　　　　　　（　　）

5）差动放大电路不可以抑制零点漂移。　　　　　　　　　　　　（　　）

4. 分析计算题

1）差动放大电路如图 4-51 所示，已知晶体管 $\beta = 60$，$U_{BEQ1} = U_{BEQ2} = 0.7\text{V}$，试求：

① 电路的静态工作点。

② 差模电压放大倍数 A_{ud}。

③ 差模输入电阻 r_{id} 和差模输出电阻 r_{od}。

2）差动放大电路如图 4-51 所示，已知 $u_{i1} = 3\text{mV}$，$u_{i2} = 1\text{mV}$，$\beta = 50$，试求：

① 电路的静态工作点。

② 差模输入电压 u_{id}，共模输入电压 u_{ic}。

③ 差模电压放大倍数 A_{ud}，输出电压 u_o。

3）电路如图 4-52 所示，试求出其输出电压。

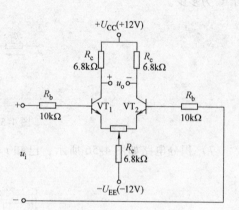

图 4-51　差动放大电路

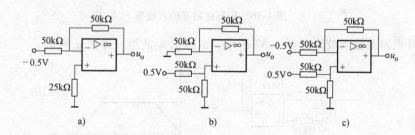

a)　　　　　　　　　　b)　　　　　　　　　　c)

图 4-52　电路

4）在图 4-53 中，已知 $R_f = 2R_1$，$u_i = -2\text{V}$。试求输出电压 u_o。

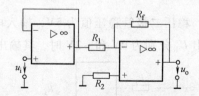

图 4-53　运算放大电路（二）

5）由理想运算放大器构成的两个电路如图 4-54 所示，试计算输出电压 u_o 的值。

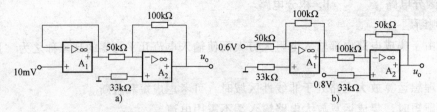

图 4-54　理想运算放大器

6）积分运算电路如图 4-55 所示，$R_1 = 10\text{k}\Omega$，其输出与输入的关系为 $u_\text{o} = -100 \int u_\text{S}\text{d}t$，求 C 为多少。

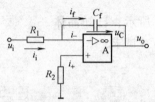

图 4-55　积分运算电路

7）积分电路如图 4-56 所示，已知 $t = 0$ 时，$u_\text{c} = 0$，试画出 u_o 波形。

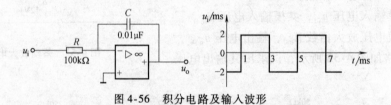

图 4-56　积分电路及输入波形

8）微分电路及输入波形如图 4-57 所示，试画出 u_o 波形，标出 u_o 幅值。

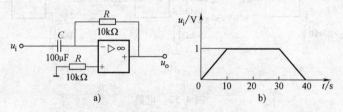

图 4-57　微分电路及输入波形
a）微分电路　　b）输入波形

9）电路如图 4-58 所示，稳压二极管稳压值为 5V，输入电压为一正峰值为 10V，负峰值为 –10V 的正弦波，试画出 U_R 分别为 0V 和 –2V 时，其输出波形。

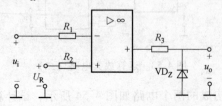

图 4-58　运算放大电路

5. 问答题

1）什么是零点漂移？解决零点漂移的方法是什么？

2）试阐述差分放大电路抑制零漂的工作原理。

3）差分放大电路的输入输出方式有哪些？试比较其特点。

4）集成运算放大电路应用时应该注意哪些问题？

5）请简述滞回比较器的工作原理。

第5章 波形产生与信号转换电路

5.1 波形产生电路

波形产生电路是指产生各种波形信号的电路。通常所说的波形产生电路就是指振荡器。振荡器是指通过振荡的方式产生周期性信号的电路。其种类很多，按激励方式可分为自激式和他激式；按电路结构可分为阻容振荡器及电感电容振荡器与晶体振荡器等；按振荡波形可分为正弦波和非正弦波振荡器；按振荡频率可分为低频和高频振荡器等。

5.1.1 正弦波振荡器

正弦波振荡器是用来产生一定频率和幅值的正弦波的电路，其频率范围很广，可以从一赫兹以下到几百兆赫兹以上，输出功率可以从几毫瓦到几十千瓦。

因为这里主要讨论自激式的振荡器，所以先来看看什么是自激振荡？自激振荡的条件又是什么？

1. 自激振荡

（1）自激振荡基本原理

自激振荡是指不需要外界刺激就能产生输出信号的振荡现象。可是因为能量守恒，信号不可能无中生有，那么没有输入又如何有输出呢？

设想这样一个情景，首先有一个输入刺激，导致在输出端有所输出，然后将输出信号反馈到输入端，同时撤离外刺激，这样就可以形成没有输入就有输出的情况，自激振荡模拟框图如图5-1所示。

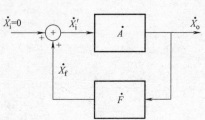

图 5-1 自激振荡模拟框图

在图 5-1 所示框图中，可以很明显地看到，反馈还没有引入时，即 $\dot{X}_f = 0$ 时，

$$\dot{X}_o = \dot{A}\dot{X}_i' = \dot{A}\dot{X}_i$$

当反馈引入而输入撤离时，即 $\dot{X}_i = 0$ 时，新的输出：

$$\dot{X}_o' = \dot{A}\dot{X}_f$$

而：

$$\dot{X}_f = \dot{F}\dot{X}_o$$

此时：

$$\dot{X}_i' = \dot{X}_f$$

所以：

$$\dot{X}_o' = \dot{X}_o$$

即，输入撤离之后输出依然得以继续，自激振荡产生。

（2）振荡条件

振荡电路是用以产生信号，而一个弱小且不稳定的信号是不需要的，而且希望电路能持续稳定的提供所需信号，因此真正的振荡是要在一定的条件下才能产生。

• 平衡条件

平衡条件是指电路进入提供持续而稳定的信号状态时所需的条件。

因为：

$$\dot{X}_f = \dot{F}\dot{X}_o = \dot{F}\dot{A}\dot{X}_i'$$

$$\dot{A}\dot{F} = \dot{X}_f / \dot{X}_i'$$

当 $\dot{X}_f = \dot{X}_i'$ 时，

$$\dot{A}\dot{F} = 1$$

由此可以推出两个平衡条件：

$$\dot{A}\dot{F} = 1 \Rightarrow \begin{cases} |\dot{A}\dot{F}| = 1 & （幅值平衡条件） \\ \varphi_A + \varphi_F = 2n\pi & （相位平衡条件） \end{cases}$$

幅值平衡条件可以通过调节放大倍数来实现，而要满足相位平衡条件，则必须引入正反馈。

• 起振条件

从电路开始工作到进入平衡状态之间，还有一个开始振荡的过程，称为起振。在起振过程中，要求能够将信号由最开始的弱小状态逐渐地增强，也就是说，起振过程实际上是一个正反馈过程。前面讲了平衡条件，那么起振条件又是怎样的呢？

很简单，只需要 $\dot{X}_f > \dot{X}_i$ 即可，即：

$$\dot{A}\dot{F} > 1$$

从起振到平衡，只需要对放大倍数进行适当调节即可实现。

思考：请想一下，这里所讲的自激振荡与负反馈电路中的自激振荡有什么区别？

2. 正弦波振荡电路组成

前面讲了自激振荡的假设模式以及振荡条件，那么真正完成一个完整的振荡过程，需要些什么环节呢？

一般来说，并不真正外加输入刺激然后再来撤离，而是利用电路的电源插入瞬间，在电路中会引起电扰动来取代这个假设的情景，因为这个电扰动的频率范围涵盖从 $0 \sim \infty$，相位从 $0 \sim 2\pi$ 都有，只需要按照要求从其中选择作为最原始的输入刺激即可。因此除了前面提到的放大和正反馈之外，还有一个重要的环节就是选频。而从起振到平衡，则需要一个稳幅环节。

所以，正弦波振荡电路主要由四部分组成：选频网络、放大环节、正反馈网络及稳幅环节。

如果按照选频网络来分类，可以分为：RC 振荡电路、LC 振荡电路及石英晶体振荡电路。

（1）RC 振荡电路

图 5-2 所示电路就是一个常见的 *RC* 文氏桥振荡电路。

该电路被称之为文氏桥振荡电路，是因为电路中的电阻和电容组成了一个文氏桥结构，如图 5-3 所示。

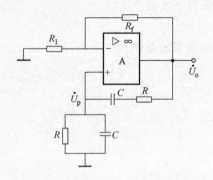

图 5-2　一个常见的 *RC* 文氏桥振荡电路

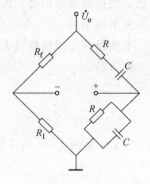

图 5-3　文氏桥结构

- 四个组成部分

集成运算放大电路、R_1 以及 R_f 构成了一个同相比例运算电路，它同时承担了振荡电路中的放大和稳幅环节。

两个电阻 *R* 与两个电容 *C* 构成了一个 *RC* 串并联网络，它同时承担了振荡电路中的正反馈和选频环节，*RC* 串并联网络如图 5-4 所示。

- 工作原理

当电源刚刚加入时，在电路中会引起电扰动现象，无论需要多大频率、多大相位的信号，都可以在当中找到所需要的原始信号，因此，在这里只需要将选频网络的频率调节到与所选信号频率一致，利用谐振的原理，将该信号选出来即可。满足的条件就是：

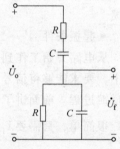

图 5-4　*RC* 串并联网络

$$f_0 = f = \frac{1}{2\pi RC}$$

其中 f_0 为选频网络的工作频率，f 为信号频率。

信号选出后即送到放大电路中去。此时同相比例运算电路的放大倍数为：

$$A = \frac{\dot{U}_o}{\dot{U}_p} = 1 + \frac{R_f}{R_1}$$

由于起振时：

$$\dot{A}\dot{F} > 1$$

而且 $f_0 = f$ 时，

$$|F| = \frac{1}{3}$$

所以：

$$A = 1 + \frac{R_f}{R_1} > \frac{1}{\dot{F}} = 3$$

即
$$R_f > 2R_1 \quad \text{（起振条件）}$$

R_f所在支路是一个负反馈支路，而且其通常采用温敏电阻，当电路刚开始工作时，其转换出的热量还不多，周围温度较低，其电阻值大于$2R_1$，但是随着时间推移，转换出的热量增多，环境温度升高，其阻值随之降低，通过适当的设置可以让其等于$2R_1$，即符合平衡条件$\dot{A}\dot{F}=1$，电路进入稳幅状态。

如果要想将该电路设置成频率可调的，只需将选频网络中的电阻设置为可调电阻即可。RC振荡电路通常适用于低频信号的产生，其频率范围一般在200kHz以内。

（2）LC振荡电路

• LC选频网络的选频特性

之所以称之为LC振荡电路，是因为其选频网络由电感L和电容C组成，选频网络如图5-5所示。

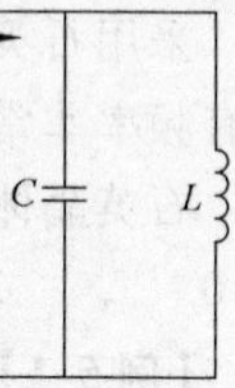

只要满足：

$$f_0 = f = \frac{1}{2\pi\sqrt{LC}}$$

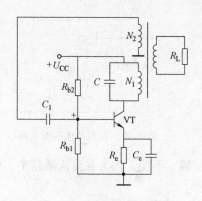

图5-5　LC选频网络

即可利用谐振现象进行选频。

• LC振荡电路的基本类型

通常，根据其反馈网络的结构还可以分成变压器反馈式、电容反馈式和电感反馈式。

图5-6所示为变压器反馈式振荡电路，它通过变压器引入反馈。它的特点是：容易起振、波形较好，但是耦合不紧密、损耗大、频率稳定性不高。

为了让耦合更紧密，可以将N_1和N_2合二为一，即得电感反馈式振荡电路，如图5-7所示。电感反馈式振荡电路的交流通路如图5-8所示。在交流通路中，可以看到电感的三个点分别与晶体管的三个

图5-6　变压器反馈式振荡电路

极相连接，因此这种电路又被称为电感三点式振荡电路。其特点是：耦合紧密，也容易起振，信号振幅大，C用可调电容可获得较宽范围的振荡频，但是波形较差，常含有高次谐波。

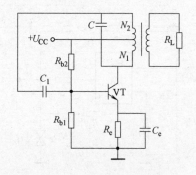

图5-7　电感反馈式振荡电路

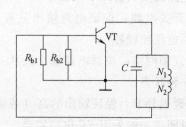

图5-8　电感反馈式振荡电路的交流通路

117

有时候，由于对波形要求高一些，电感反馈式不能满足要求，可以考虑利用电容进行反馈，因此又有了电容反馈式振荡电路，如图5-9所示。

同样，在该电路的交流通路中，电容 C_1 和 C_2 的三个点分别与晶体管的三个极相连接，因此又被称之为电容三点式振荡电路。其最大特点就是波形好，同时因为其频率调整范围小，因此比较适合用于频率固定的场合。

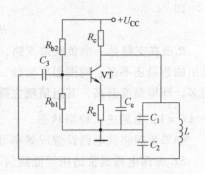

图 5-9　电容反馈式振荡电路

（3）石英晶体振荡电路

采用石英晶体振荡电路主要是想利用石英晶体的固有频率非常稳定的特点，石英晶体振荡电路如图5-10所示。一般 LC 选频网络的 Q 为几百，石英晶体的 Q 可达 $10^4 \sim 10^6$；一般 LC 选频网络的 $\Delta f/f$ 为 10^{-5}，石英晶体的可达 $10^{-10} \sim 10^{-11}$。

【例 5-1】　请判断图5-11所示电路是否能够起振，如果不能，请改正。

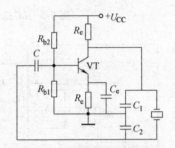

图 5-10　石英晶体振荡电路

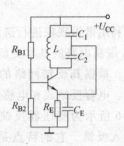

图 5-11　【例 5-1】电路

解：不能。因为在交流通路中，旁路电容 C_E 短路，导致电路没有反馈支路。将 C_E 去掉即可。

5.1.2　非正弦波产生电路

常见的非正弦波有矩形波、三角波、锯齿波以及梯形波等，这里主要介绍矩形波和三角波信号的产生。

因为矩形就高低两种电平，也就是说电路输出只要保证有两种能持续一定时间的暂态，而且能在两种暂态之间自行翻转就可以，因此，矩形波产生电路需要具备以下几部分。

1）开关电路：保证电路输出只有高低两种电平，一般采用电压比较器。

2）反馈网络：控制电路输出能从一种状态自行翻转到另一种状态。

3）延迟环节：保证输出的高（或低）电平能够持续一定时间，一般采用 RC 电路实现。

如图5-12所示，即为一个常见的矩形波产生电路。

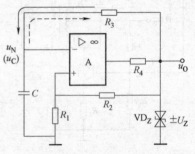

图 5-12　一个常见的矩形波产生电路

图 5-12 所示电路实际上就是一个滞回比较器，其原理分析如下：

假设刚通电时，电容 C 电压 U_C（U_N）$= 0$，此时，$u_O \uparrow \rightarrow u_N \uparrow \rightarrow u_O \uparrow$，形成正反馈，直至 $u_O = U_Z$，$u_P = +U_T$，进入第一暂态。此时：

$$\pm U_T = \pm \frac{R_1}{R_1 + R_2} \cdot U_Z$$

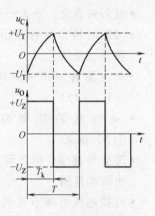

电容处于正向充电状态，随着时间推移，u_N 将逐渐增大，当 $u_N = +U_T$ 时，再增大，u_O 将从 $+U_Z$ 跃变为 $-U_Z$，$u_P = -U_T$，电路进入第二暂态。

然后电容反向充电，随着时间推移，u_N 将逐渐降低，但当 $u_N = -U_T$ 时，再减小，u_O 从 $-U_Z$ 跃变为 $+U_Z$，$u_P = +U_T$，电路返回第一暂态。

矩形波形输出如图 5-13 所示。

根据三要素法，可以得到：
$$T = 2R_3 C \ln\left(1 + \frac{2R_1}{R_2}\right)$$

图 5-13　矩形波形输出

占空比：
$$\delta = \frac{T_k}{T} = 50\%$$

此电路占空比不能调节，如果要调节占空比，可以将电路改进一下，让电容的充放电时间可调即可，占空比可调的矩形波发生电路如图 5-14 所示。

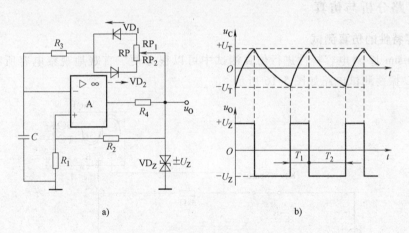

图 5-14　占空比可调的矩形波发生电路
a）电路　b）波形

5.1.3　集成函数发生器

函数发生器是指能够自动产生多种波形（一般包括正弦波、方波、三角波等波形）的电路或者仪器。由于其可以产生多种波形，且频率范围很宽，因此其适用范围很广，它可以用于生产测试、仪器维修和实验室，还广泛使用在其他科技领域，如医学、教育、化学、通信、地球物理学、工业控制、军事和宇航等，是一种不可缺少的通用信号源。

函数发生器的分类很多，如果按照电路形式来分，有用分立元件构成的、有用集成运算放大构成的，还有单片集成的。图 5-15 所示便是一个采用 ICL8038 来制作的单片集成函数发生器。

8038 具备以下特点：

- 工作频率范围：0.001Hz ~ 500kHz。
- 波形失真度：不大于 0.5%。
- 可同时输出 3 种波形：正弦波、方波及三角波。
- 单电源为 +10 ~ +30V；双电源为 ±5 ~ ±15V。
- 足够低的频率温漂：最大值为 50ppm/℃。
- 改变外接 RC 值，可以改变信号输出频率范围。
- 外接电压可调节或者控制输出信号频率和占空比。
- 使用简单，外接元器件少。

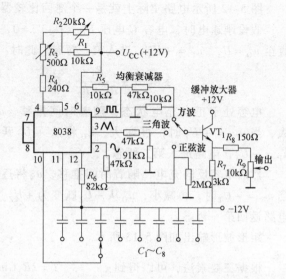

图 5-15　采用 ICL8038 来制作的单片集成函数发生器

在这里，集成函数发生器仅限于了解即可，有兴趣的读者可以自行查阅相关资料进行深入学习。

5.1.4　电路分析与仿真

1. 电容特性的仿真测试

在 Multisim 12 对电容特性进行仿真测试中可以很方便、直观地观察电容所特有的充放电特性。RC 振荡测试电路如图 5-16 所示。

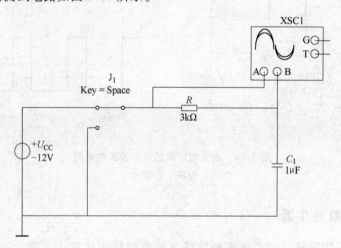

图 5-16　RC 振荡测试电路

图 5-16 中 XSC1 为双踪示波器，直接从仪表栏中选取即可。示波器一端连到测试信号端，另一端接到所需测试的电容端。J_1 是一个手动开关，一端接直流电源，另一端接地。每按一次〈空格〉键，就产生一次动作，每次动作分别接直流电源和地。打开示波器显示面板（用鼠标双击示波器图标），示波器显示面板如图 5-17 所示。

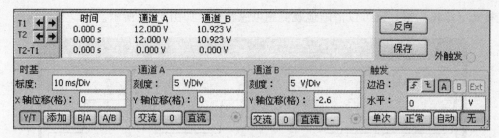

图 5-17　示波器显示面板

　　然后按下仿真开关按钮进行仿真。反复按动〈空格〉键，即可清晰直观地观测到电容的充放电现象，如图 5-18 所示。示波器 A 通道波形为测试信号端波形，B 通道波形为电容充放电波形。

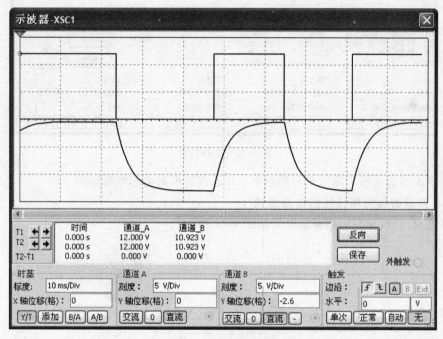

图 5-18　电容的充放电现象

2. 电感特性的仿真测试

　　使用 Multisim 12 中对电感特性进行仿真测试，可以很方便直观地观察到电感所特有的特性。图 5-19 所示为电感特性测试电路。

　　图中 J_1 是一个手动开关，每按一次〈空格〉键，就产生一次动作，每次动作分别接直流电源和地，打开示波器显示面板，然后按下仿真开关按钮进行仿真。

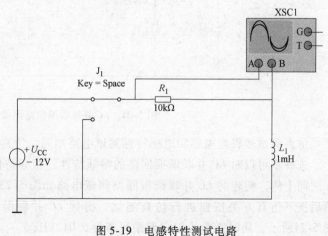

图 5-19　电感特性测试电路

反复按动〈空格〉键，既可以清晰地观测到电感特性，如图 5-20 所示。

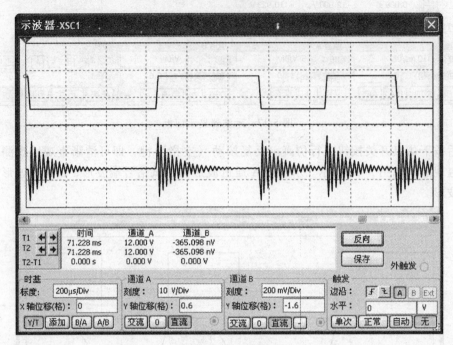

图 5-20　电感特性

示波器 A 通道波形为测试信号端波形，B 通道波形为电感特性波形。

3. *LC* 并联谐振回路特性的仿真测试

先构建 *LC* 并联谐振回路测试电路如图 5-21 所示。

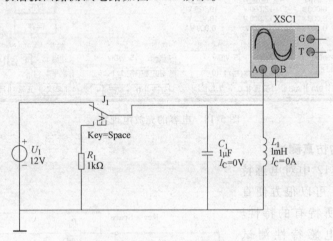

图 5-21　*LC* 并联谐振回路测试电路

仿真测试步骤与电容和电感特性测试电路相同，仿真测试结果如图 5-22 所示。

进一步可以对 *LC* 并联谐振回路的幅频特性、相频特性进行仿真测试。仪表、器件选择方法同上例，构建的 *LC* 并联谐振回路测试电路如图 5-23 所示。其中 XBP1 是波特图示仪。然后按下仿真开关按钮进行仿真测试，得到 *LC* 并联谐振回路的幅频特性及谐振频率如图 5-24 所示，同时查看的相应谐振频率为 5.012kHz。

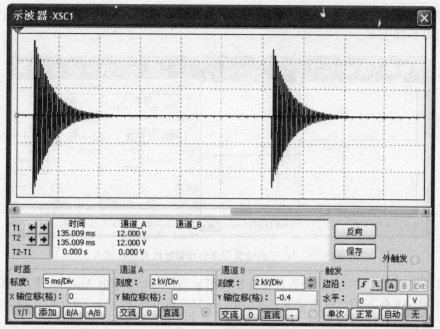

图 5-22　仿真测试结果

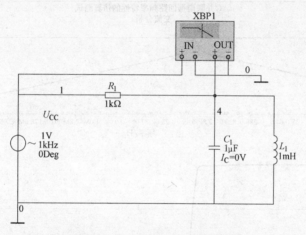

图 5-23　LC 并联谐振回路测试电路

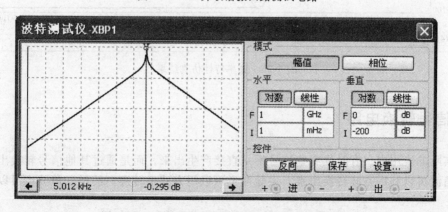

图 5-24　LC 并联谐振回路的幅频特性及谐振频率

在同一个测试电路中，按下〈相位〉键，就可以得到 *LC* 并联谐振回路的相频特性及谐振频率如图 5-25 所示。

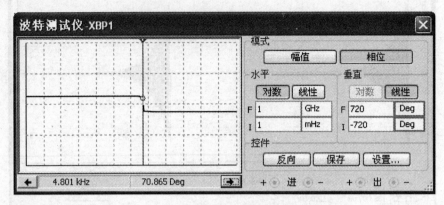

图 5-25 *LC* 并联谐振回路的相频特性及谐振频率

也可以使用交流分析方法分析频率特性。启动 Simulate 菜单中 Analysis 下的 AC Analysis 命令，在 AC Analysis 对话框中设置：output variables 为节点 V（1）、V（4），得到的频率特性仿真结果如图 5-26 所示。

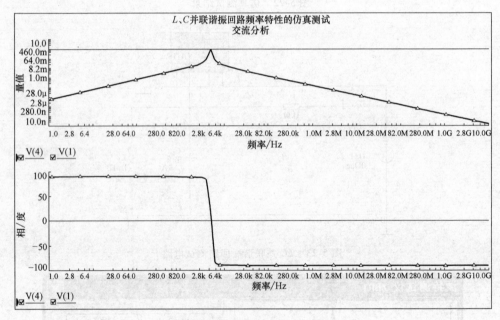

图 5-26 频率特性仿真结果

5.2 信号转换电路

在实际的应用中，有时候有些信号不是直接产生出来，而是通过其他信号转换出来，比如说三角波可以利用方波转换出来，尖脉冲也可以用方波来转换，甚至三角波也可以转换出正弦波。

这里着重讨论一下方波转换成三角波和锯齿波。

5.2.1 三角波产生电路

产生三角波，通常是先产生方波，然后利用积分运算电路来将方波转换成三角波，三角波产生电路如图 5-27 所示。

此电路前面一级是一个滞回比较器，用以产生方波，后面一级是积分运算电路，通过电容 C 的充放电来完成方波到三角波的转换。

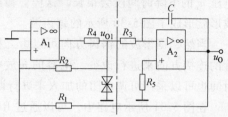

图 5-27　三角波产生电路

第一级电路方波的产生原理在这里就不再重复，主要来看看后面三角波的产生。

当 u_{o1} 为高电平时，电容 C 开始正向充电，因为虚地的原因，$u_o = -u_c$，此时输出电压将逐渐随着电容电压的上升而下降，直至 u_o 低过 $-U_T$，u_{o1} 从高电平 U_Z 跃变为低电平 $-U_Z$。

然后，电容反向充电，由于输出电压与电容电压大小相同方向相反，此时 u_o 将逐渐上升，直到 u_o 过 $+U_T$，u_{O1} 从 $-U_Z$ 跃变为 $+U_Z$。依次重复，持续的三角波即可产生。三角波产生如图 5-28 所示。

电路中：

$$u_{P1} = \frac{R_1}{R_1 + R_2} \cdot u_{O1} + \frac{R_2}{R_1 + R_2} \cdot u_o$$

$$u_O = -\frac{1}{R_3 C} \cdot u_{O1}(t_2 - t_1) + u_O(t_1)$$

因为 $U_{p1} = U_{N1} = 0$，将 $u_{O1} = \pm U_z$ 代入，得：

$$\pm U_T = \pm \frac{R_1}{R_2} \cdot U_Z$$

且：

$$+ U_T = \frac{1}{R_3 C} \cdot U_Z \cdot \frac{T}{2} + (-U_T)$$

$$T = \frac{4R_1 R_3 C}{R_2}$$

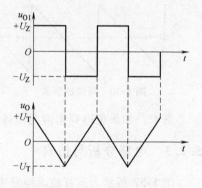

图 5-28　三角波产生

思考：采用积分电路可以将方波变为三角波，那么采用微分电路，可以将方波变成什么样的波形？

5.2.2 锯齿波产生电路

锯齿波与三角波在波形上的区别仅仅在于两条边的长短是否一致，因此得到三角波的产生电路后，要获取锯齿波的产生电路就不难了，只需要将三角波产生电路稍稍修改即可。三角波的两个边之所以相等，是因为电容的充放电时间一样，因此要获得锯齿波，只需要让电容的充放电时间不相等即可，也就是说，只需要在电容充放电时，电阻能截然不同（无穷大或者为 0）就可以，一般采用两个方向不同的二极管来完成此过程，锯齿波产生电路如图 5-29 所示。

在图 5-29 所示电路图中，电容 C 正向充电时，二极管 VD 处于正向导通状态，其等效电阻趋近于 0，因此电容 C 的充电时间会很短，也就是说输出电压 u_o 的下降时间段会很短。

反过来，电容反向充电时，二极管 VD 处于反向截止状态，其等效电阻趋近于∞，这时电容的反向充电时间会很长，即输出电压 u_o 的下降时间段会很长，这样，输出波形就形成了图 5-30 所示的锯齿波。

当然，锯齿波的锯齿方向可以由二极管的连接方向来进行改变，电容的充放电

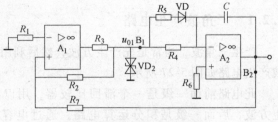

图 5-29　锯齿波产生电路

时间也可以采用可调电阻的加入来进行调节，可调节波形的锯齿波产生电路如图 5-31 所示。

在图 5-31 所示电路中，可以通过 RP 的阻值调节来调整电容 C 的充放电时间。

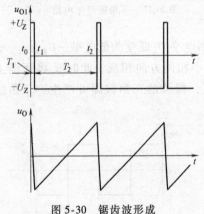

图 5-30　锯齿波形成

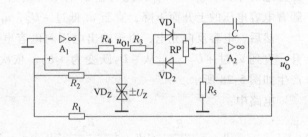

图 5-31　可调节波形的锯齿波产生电路

思考：如果想得到锯齿向左倾斜的锯齿波，二极管该如何连接？

5.2.3　电路分析与仿真

图 5-32 所示为运算放大电路方波产生电路。

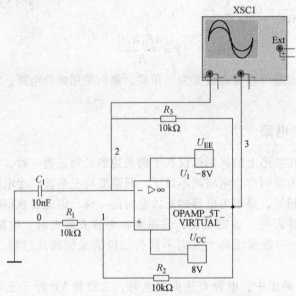

图 5-32　运算放大电路方波产生电路

用鼠标双击示波器 XSC1，再单击"开关"按钮，得到的方波产生电路仿真波形如图 5-33 所示。

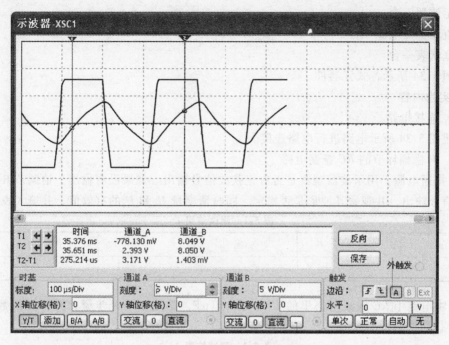

图 5-33　方波产生电路仿真波形

5.3　实验

5.3.1　RC 正弦波振荡电路

1. 实验目的

- 通过实验了解 RC 正弦波振荡器的组成，并进一步熟悉其振荡条件。
- 通过实验学习如何调试 RC 正弦波振荡电路及测量相关参数。

2. 实验电路

图 5-34 所示电路是一个具有稳幅环节的 RC 正弦波振荡电路，在电路中，由 RC 选频网络选出所需信号后，送入放大环节进行放大，然后经由 RC 网络的正反馈作用，进行正反馈循环，此时由于 RP 的大小调节作用，可以满足起振条件：

$$\dot{A}\dot{F} > 1$$

起振后，调节 RP 的大小，使得：

$$\dot{A}\dot{F} = 1$$

进入平衡状态，此时由于稳幅环节

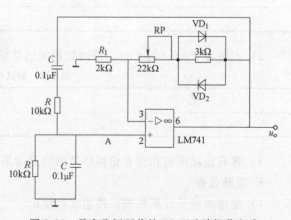

图 5-34　具有稳幅环节的 RC 正弦波振荡电路

（VD$_1$、VD$_2$与3kΩ电阻构成稳幅环节）的加入，正弦波的稳定性更强。

3. 实验设备及元器件

- 示波器一台
- 直流稳压电源一台
- 毫伏表一台
- 图5-34所示各式元器件

4. 实验内容

（1）连接电路

按照图5-34所示电路进行电路连接。

（2）有稳幅环节的RC振荡电路

1）接通电源，用示波器观察是否有正弦波信号输出。如果没有输出，请调节RP，直至有正常信号输出，并观察其波形是否稳定。同时请测量U_o和U_f的有效值，并填入表5-1中。

表5-1　测试结果1

U_o	U_f	f_o

2）将电路中RC选频网络里的C改为0.01μF，重复上一个步骤，并将测量数据填入表5-2中。

表5-2　测试结果2

U_o	U_f	f_o

3）将上两个步骤相关数据进行比较。

（3）无稳幅环节的RC振荡电路

将稳幅环节电路去掉，重新接上电源，并重复步骤（2）里的内容。

1）当电容$C=0.1μF$时，请测量相关值并填入表5-3中。

表5-3　测试结果3

U_o	U_f	f_o

2）当电容$C=0.01μF$时，请测量相关值并填入表5-4中。

表5-4　测试结果4

U_o	U_f	f_o

3）将有稳幅环节和没有稳幅环节的测量结果，进行比较。

5. 实验报告

1）整理测量及计算数据，得出实验结论。

2）分析讨论实验中出现的问题。

3）其他（包括实验心得、体会或者建议等）

5.3.2 LC 正弦波振荡电路

1. 实验目的

• 通过实验了解 *LC* 正弦波振荡电路的组成。

• 通过实验学习如何调试 *LC* 正弦波振荡电路及测试相关数据。

2. 实验电路

LCE 弦波振荡电路实验电路如图 5-35 所示。

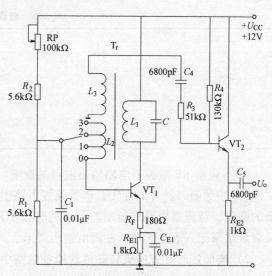

图 5-35 所示电路是一个变压器耦合式 *LC* 正弦波振荡电路，晶体管 VT$_1$ 组成共射极放大电路，变压器 T$_r$ 的原绕组 L_1（选频线圈）与电容器 *C* 构成频率选择电路，它既为晶体管放大电路的负载阻抗，又决定振荡电路输出信号的频率，图中变压器的副绕组 L_2 为反馈线圈，为晶体管的基极送入正反馈信号，变压器的副绕组 L_3 为振荡电路的输出线圈。

该电路通过调节变压器原、副绕组同名端的连接方式来实现自激振荡的相位条件，即振荡电路中的反馈为正反馈。在实

图 5-35　*LC* 正弦波振荡电路实验电路

验中，可以通过把选频线圈 L_1 与正反馈线圈 L_2 的首、末端连接方式对调，来改变反馈信号的极性。振荡电路产生自激振荡的幅度条件，需要合理设置放大电路的参数，一是使放大电路具有合适的静态工作点，二是通过改变反馈线圈 L_2 线圈匝数来改变 L_2 与 L_1 之间的耦合程度（即改变电路的反馈深度），使振荡电路有足够强的反馈量。振荡电路输出信号的稳幅作用是通过晶体管的非线性与负反馈来实现的，一般情况下，*LC* 振荡电路的输出电压波形失真程度不大。

LC 振荡电路输出信号的频率由选频电路中的 *L*、*C* 决定，计算公式为：

$$f_o = \frac{1}{2\pi \sqrt{LC}}$$

电路的输出端增加了射极跟随器，用以提高电路的带负载能力。

3. 实验设备及元器件

• 示波器一台

• 毫伏表一台

• 直流稳压电源一台

• 相关元器件图 5-35 所示

4. 实验内容

（1）连接电路

按照图 5-35 所示连接电路。

（2）调节电路起振

调节晶体管 VT_1 偏置电路中的电位器 RP，使电路起振，用示波器观察振荡电路的输出波形，以输出波形不失真为准。如果电路仍不起振，没有输出信号，可以将反馈线圈 L_2 的连接端由 2 点改接为 3 点，以增大反馈电路的反馈量，满足振荡电路自激振荡的幅度条件。

当振荡电路正常工作且输出波形不失真后，测量相关数据并记入表 5-5 中，并画出输出波形。

表 5-5 测量相关数据

U_{CE1}/V	U_{CE2}/V	U_O/V	U_{OPP}/V	输出波形

（3）观察 RP 对振荡电路输出波形的影响

1）按照顺时针方向旋转晶体管偏置电路中的电位器 RP，用示波器观察振荡电路输出波形的变化，待振荡电路的输出波形出现明显变化，测量晶体管 VT_1 的静态工作点电压 U_{CE1}，将测量结果记入表 5-6 中，并画出输出波形。

2）按照逆时针方向旋转晶体管偏置电路中的电位器 RP，用示波器观察振荡电路输出波形的变化，待振荡电路的输出波形出现明显变化，测量晶体管 VT_1 的静态工作点电压 U_{CE1}，将测量结果记入表 5-6 中，并画出输出波形。

表 5-6 测量结果 1

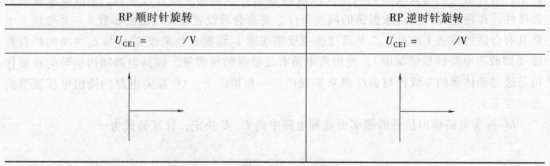

RP 顺时针旋转	RP 逆时针旋转
U_{CE1} = /V	U_{CE1} = /V

3）比较两表中的数据，分析晶体管静态工作点的位置对振荡电路的起振、输出波形幅度和输出波形失真的影响。

（4）观察反馈量大小对输出波形的影响

调节晶体管的偏置电位器 RP，使振荡电路正常工作，电路的输出波形无失真。将反馈线圈 L_2 与晶体管偏置电路的连接点分别置于连接点 "0" 点（无反馈）、连接点 "1" 点（反馈量不足）、连接点 "2" 点（反馈量合格）、连接点 "3" 点（反馈量过强），用示波器观察当反馈电路的连接点不同时，相应振荡电路输出电压波形，将电压波形图记入表 5-7 中。用示波器的电压测量功能，分别测量相应振荡电路输出电压的峰－峰值，将测量结果记入表 5-7 中。

130

表 5-7　测量结果 2

L_2 位置	"0"	"1"	"2"	"3"
U_o 波形				

（5）测量振荡频率

调节晶体管的偏置电位器 RP，使振荡电路正常起振，输出正弦波信号不失真，按照表 5-8 的要求，改变选频电路中电容的大小，并用示波器测量振荡电路输出信号的频率 f_o，将测量结果记入表 5-8 中。

表 5-8　测量结果 3

C/pF		
f/kHz		

5. 实验报告

1）整理测量及计算数据，得出实验结论。

2）分析讨论实验中出现的问题。

3）其他（包括实验心得、体会或者建议等）。

5.4　习题

1. 填空题

1）振荡器是指通过_____的方式产生周期性信号的电路。

2）振荡器种类很多，按振荡波形分，可以分为_____和_____振荡器。

3）自激振荡是指_____的振荡现象。

4）振荡条件包括_____和_____。

5）正弦波振荡电路主要由四部分组成：_____、放大环节、_____和稳幅环节。

6）正弦波振荡电路按照选频网络来分类，可以分为：_____、_____和_____。

7）常见的非正弦波有_____、三角波、_____、梯形波等。

8）函数发生器是指_____的电路或者仪器。

2. 选择题

1）振荡器的起振条件是（　　）。

A. $\dot{A}\dot{F} = 1$　　　　　　　B. $\dot{A}\dot{F} > 1$

2）振荡器的平衡条件是（　　）。

A. $\dot{A}\dot{F} > 1$　　　　　　　B. $\dot{A}\dot{F} = 1$

3）RC 振荡电路适用于（　　）范围。

A. 高频　　　　　　　B. 低频

4）LC 振荡电路适用于（　　）范围。

A. 高频　　　　　　　B. 低频

5）石英晶体振荡器适用于（　　）范围。

A. 高频　　　　　　　B. 低频

6）方波经过（　　）可以转换成三角波。

A 微分电路　　　　　　B. 积分电路

3. 判断题

1）采用微分电路可以将三角波转换成锯齿波。　　　　　　　　　　　（　　）

2）采用滞回电压比较器可以产生方波。　　　　　　　　　　　　　　（　　）

3）改变 RC 充放电时间，可以改变锯齿波的锯齿方向。　　　　　　　（　　）

4. 分析计算题

1）若反馈振荡器满足起振和平衡条件，则必然满足稳定条件，这种说法是否正确？为什么？

2）有一桥式 RC 振荡器，已知 RC 串并联电路中的电阻 $R = 120\text{k}\Omega$，$C = 0.001\mu\text{F}$，求振荡频率 f_0。

3）试判断图 5-36 所示交流通路中，哪些可能产生振荡，哪些不能产生振荡。若能产生振荡，则说明属于哪种振荡电路。

4）试画出图 5-37 所示各振荡器的交流通路，并判断哪些电路可能产生振荡，哪些电路不能产生振荡。图中，C_B、C_C、C_E、C_D 为交流旁路电容或隔直流电容，L_C 为高频扼流圈，偏置电阻 R_{B1}、R_{B2}、R_G 不计。

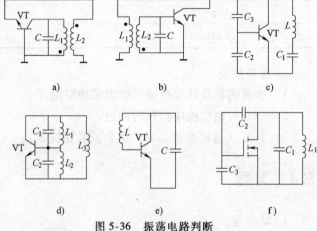

图 5-36　振荡电路判断

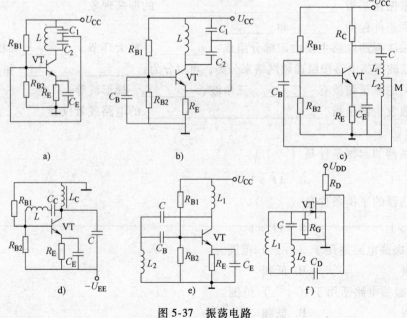

图 5-37　振荡电路

5) 试运用反馈振荡原理，分析图 5-38 所示各交流通路能否振荡。

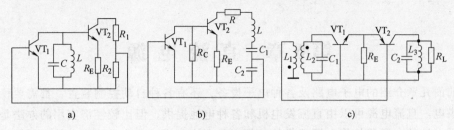

图 5-38　振荡电路

6) 试指出图 5-39 所示各振荡器电路的错误，并改正，画出正确的振荡器交流通路，并指出晶体的作用。图中 C_B、C_C、C_E、C_S 均为交流旁路电容或隔直流电容。

7) 在图 5-40 所示电路中，试算出在可变电容 C_2 的变化范围内，其振荡频率的可调范围为多少？其中电感线圈抽头 1、3 间的电感量为 $100\mu H$，$C_2 = 32 \sim 270 pF$。

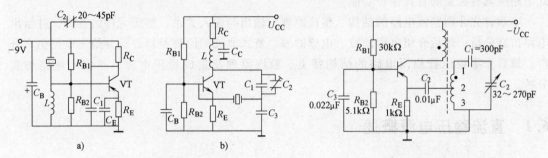

图 5-39　振荡电路　　　　　　　　图 5-40　振荡器

8) 在图 5-41 所示方波发生器中，已知 A 为理想运算放大电路，其输出电压的最大值为 $\pm 12V$。

① 画出输出电压 u_o 和电容两端电压 u_c 的波形。

② 求解振荡周期 T 的表达式，并计算出数值。

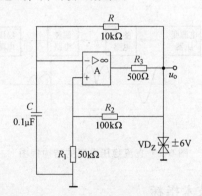

图 5-41　方波发生电路

第6章 直流电源

在前面几章介绍的电子电路及各种电子设备，还有各种自动控制装置，都需要稳定的直流电源供电。直流电源可以由直流发电机和各种电池提供，但比较经济实用的办法是利用具有单向导电性的电子器件将电网提供的工频正弦交流电经过整流、滤波和稳压后转换成直流电。直流电源性能的好坏直接影响整个电子产品的精度、稳定性和可靠性。对直流电源的主要要求：一是输出电压的幅值稳定，即当电网电压或负载电流波动时输出电压能基本保持不变；二是输出电压纹波要小；三是交流电变换成直流电时的转换效率要高；四是要具有保护功能，若输出电流过大或输入交流电压过高，都会使整流管或电路中的晶体管受到损坏，因此电路应具有必要的自我保护功能。

本章首先介绍整流电路的结构、整流原理、输出与输入关系、整流元件的选择，并给出电路仿真分析；然后介绍电容滤波、电感滤波、复式滤波的原理及特点，并给出电路仿真分析；最后介绍稳压管稳压电路的结构特点、稳压原理及集成稳压电源，并给出电路仿真分析。

6.1 直流稳压电源概述

6.1.1 直流稳压电源的组成

有稳定电压装置的直流电源，称为直流稳压电源。直流稳压电源的任务是将交流电转变为平滑的、稳定的，且输出功率符合要求的直流电。常用的直流稳压电源由电源变压器、整流电路、滤波电路和稳压电路所组成，直流稳压电源的结构框图如图6-1所示。

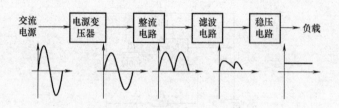

图6-1　直流稳压电源的结构框图

6.1.2 直流稳压电源的技术指标

直流稳压电源质量的优劣对电子设备和仪器的质量影响极大，为此对直流稳压电源常常要提出一些技术指标的要求，主要有以下几点。

1. 特性指标

特性指标是指表征直流稳压电源工作特征的参数，如输入、输出电压及输出电流、电压可调范围等。

2. 质量指标

质量指标是衡量直流稳压电源稳定性能状况的参数，如稳压系数、输出电阻、纹波电压及温度系数等。具体含义简述如下。

1）稳压系数 γ 是指通过负载的电流和环境温度保持不变时，稳压电路输出电压的相对变化量与输入电压的相对变化量之比，即：

$$\gamma = \frac{\Delta U_o}{U_o} / \frac{\Delta U_i}{U_i}$$

式中，U_i 为稳压电源输入直流电压；U_o 为稳压电源输出直流电压。γ 数值越小，输出电压的稳定性越好。

由于工程上常把电网电压波动的 ±10% 作为极限条件，因此也有将此时输出电压的相对变化 $\Delta U_o / U_o$ 作为衡量指标，称为电压调整率。

2）输出电阻 r_o 是指当输入电压和环境温度不变时，输出电压的变化量与输出电流变化量之比，即：

$$r_o = \frac{\Delta U_o}{\Delta I_o}$$

r_o 的值越小，带负载能力越强，对其他电路的影响越小。

另外，直流稳压电源还有其他的质量指标，如负载调整率、噪声电压等。

6.2 整流电路

利用整流元件的单向导电性，将交流电压变成单向脉动电压的电路称为整流电路。按被整流的交流电相数分为单相整流电路和三相整流电路；按电路特点不同分为半波整流电路、全波整流电路和桥式整流电路。本节主要介绍单相半波整流电路、单相全波整流电路和单相桥式整流电路。

6.2.1 单相半波整流电路

1. 工作原理

单相半波整流电路如图 6-2 所示，其中 VD 是整流二极管，R_L 是负载。在整流电路中，由于加在二极管上的电压幅度较大，因此在电路原理分析中假定二极管为理想二极管，即只要二极管两端电压大于零，二极管就导通相当于短路；只要二极管两端电压小于或等于零，二极管就截止相当于开路。

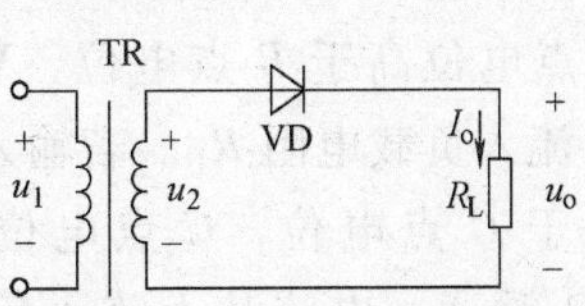

设变压器二次电压为：

图 6-2 单相半波整流电路

$$u_2 = \sqrt{2} U_2 \sin\omega t$$

波形如图 6-3a 所示。由于二极管 VD 具有单向导电性，只有它的阳极电位高于阴极电位时才能导通，所以在变压器二次电压 u_2 的正半周（$u_2 > 0$）时，其极性为上正下负，VD 正偏导通且相当于短路，则 $u_o = u_2$；在电压 u_2 的负半周（$u_2 < 0$）时，其极性为上负下正，VD 反偏截止且相当于开路，则 $u_o = 0$。输出波形如图 6-3b 所示。

由输出电压波形可知，该电路整流输出电压的平均值为：

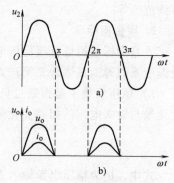

$$U_{O(AV)} = \frac{1}{2\pi} \int_0^\pi \sqrt{2} U_2 \sin\omega t \, d(\omega t) \approx 0.45 U_2$$

负载电阻 R_L 的整流电流 i_o 的平均值：

$$I_{O(AV)} = \frac{U_{O(AV)}}{R_L} = 0.45 \frac{U_2}{R_L}$$

流过整流管的平均整流电流为：

$$I_D = I_{O(AV)}$$

整流管所承受的最大反向电压为：

$$U_{RM} = \sqrt{2} U_2$$

图 6-3　半波整流电路波形

a) 输入波形　b) 输出波形

式中，U_2 为变压器二次电压有效值。

值得注意的是，半波整流电路虽然元器件少，结构简单。但其输出波形脉动大，直流成分低，变压器只有半个周期导通，利用率低。所以半波整流电路只能用于输出电流小，要求不高的场合。

2. 例题分析

单相半波整流电路如图 6-2 所示。已知负载电阻 $R_L = 600\Omega$，变压器副边电压 $U_2 = 20V$。试求输出电压、电流的平均值 $U_{O(AV)}$、$I_{O(AV)}$ 及二极管截止时承受的最大反向电压 U_{RM}。

解：

$$U_{O(AV)} = 0.45 \ U_2 = (0.45 \times 20) V = 9V$$

$$I_{O(AV)} = \frac{U_{O(AV)}}{R_L} = \left(\frac{9}{600}\right) A = 15mA$$

$$U_{RM} = \sqrt{2} U_2 = (\sqrt{2} \times 20) V = 28.2V$$

6.2.2　单相全波整流电路

1. 工作原理

单相全波整流电路如图 6-4 所示，其中 VD_1 和 VD_2 是整流二极管，R_L 是负载，TR 是带中心抽头的变压器。

当输入电压为正半周时，A 点电位高于 C 点电位，C 点电位高于 B 点电位，VD_1 导通，VD_2 截止，电流从上流入负载电阻 R_L。若输入电压为负半周时，B 点电位高于 C 点电位，C 点电位高于 A 点电位，VD_1 截止，VD_2 导通，电流从上流入负载电阻 R_L。因此，通过 R_L 的电流在电源正负半周时均为同方向，说明 R_L 的电流是直流电，桥式整流电路输入、输出波形如图 6-5 所示。

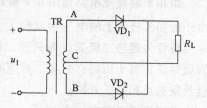

图 6-4　单相全波整流电路

由输出电压波形可知，该电路整流输出电压的平均值为：

$$U_{O(AV)} = \frac{1}{2\pi}\int_0^{2\pi}\sqrt{2}U_2\sin\omega td(\omega t) \approx 0.9U_2$$

负载电阻 R_L 的整流电流 i_o 的平均值：

$$I_{O(AV)} = \frac{U_{O(AV)}}{R_L} = 0.9\frac{U_2}{R_L}$$

流过整流管的平均整流电流为：

$$I_D = \frac{1}{2}I_{O(AV)}$$

整流管所承受的最大反向电压为：

$$U_{RM} = 2\sqrt{2}U_2$$

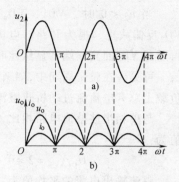

图 6-5　单相全波整流电路波形
a) 输入波形　b) 输出波形

式中，U_2 为变压器二次绕组两个部分各自交流电压有效值。

单相全波整流电路的优点是电源利用率高，缺点是对变压器、二极管的要求较高。

2. 例题分析

有一直流负载，需要直流电压 $U_L = 60V$，直流电流 $I_L = 4A$，若采用变压器中心抽头式全波整流电路，求二次电压，如何选择二极管。

解：二次电压：

$$U_2 = \frac{U_L}{0.9} = \left(\frac{60}{0.9}\right)V = 66.7V$$

流过二极管的平均整流电流：

$$I_D = 0.5I_L = (0.5 \times 4)A = 2A$$

二极管所承受的最大反向电压：

$$U_{RM} = (2 \times 1.41 \times 66.7)V = 188V$$

通过查晶体管手册，可选用整流电流为 3A，额定反向工作电压为 200V 的整流二极管 1N5402。

6.2.3　桥式全波整流电路

1. 工作原理

单向桥式整流电路如图 6-6 所示，4 个二极管 $VD_1 \sim VD_4$ 接成电桥形式。

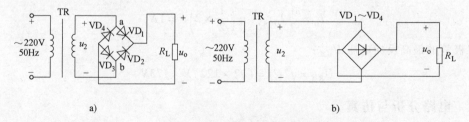

图 6-6　单向桥式整流电路
a) 习惯画法　b) 简化画法

由电路可知，当 $u_2 > 0$ 时，VD_1、VD_3 正偏导通，视为短路；VD_2、VD_4 反偏截止，视为开路。电流由 a 端通过 VD_1 流过负载，再通过 VD_3 回到 b 端，显然此时 $u_o = u_2$。

当 $u_2 < 0$ 时，VD_2、VD_4 正偏导通，视为短路；VD_1、VD_3 反偏截止，视为开路。电流由 b 端通过 VD_2 流过负载，再通过 VD_4 回到 a 端，显然此时 $u_o = -u_2$。

可见，在整个周期中，4 个二极管分两组轮流导通，使负载上总有电流流过，桥式整流电路波形如图 6-7 所示。

与单相半波整流电路相比，该电路整流输出电压的平均值为：

$$U_{O(AV)} = 2 \times 0.45 U_2 = 0.9 U_2$$

整流输出电流的平均值为：

$$I_{O(AV)} = \frac{U_O}{R_L} = 0.9 \frac{U_2}{R_L}$$

流过整流管的平均整流电流为：

$$I_D = \frac{1}{2} I_{O(AV)}$$

整流管所承受的最大反向电压为：

$$U_{RM} = \sqrt{2} U_2$$

式中，U_2 为变压器二次电压有效值。

可见，与单相半波整流电路相比，单相桥式整流电路对电源电压的利用率得到了提高，因此得到广泛应用。

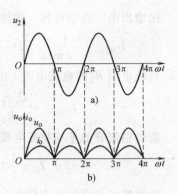

图 6-7　桥式整流电路波形
a) 输入波形　　b) 输出波形

2. 例题分析

有一电压为 110V、负载电阻为 55Ω 的直流负载，采用单相桥式整流电路供电。试求变压器副边电压和输出电流的平均值，并计算二极管的电流 I_D 和最高反向电压 U_{RM}。

解： 变压器副边电压：

$$U_2 = \frac{U_{O(AV)}}{0.9} = \left(\frac{110}{0.9}\right) V = 122 V$$

变压器输出电流的平均值：

$$I_{O(AV)} = \frac{U_{O(AV)}}{R_L} = \left(\frac{110}{55}\right) A = 2 A$$

二极管的电流 I_D：

$$I_D = \frac{1}{2} I_{O(AV)} = \left(\frac{1}{2} \times 2\right) A = 1 A$$

二极管的最高反向电压 U_{RM}：

$$U_{RM} = \sqrt{2} U_2 = (\sqrt{2} \times 122) V = 173 V$$

6.2.4　电路分析与仿真

1. 单相半波整流电路

图 6-8 所示为单相半波整流仿真电路。

在 Multisim 12.0 上建立图 6-8 所示的单相半波整流仿真电路，万用表设置为直流电源档，将输入点 1 连线设置成蓝色，输出点 2 连线设置成红色。单击仿真电源开关，激活电路

进行动态分析。在示波器的屏幕上，上面
那条曲线为输入波形，下面那条曲线为输
出波形，单相半波整流电路的输入输出波
形如图 6-9 所示。图 6-10 所示为单相半
波整流电路输出直流电压平均值。

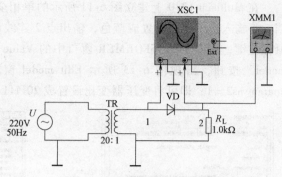

图 6-8　单相半波整流仿真电路

从图 6-9 可以看出半波整流电路只利
用了正弦交流电的半个周期，在正半周是
输出曲线和输入曲线几乎重叠，说明可以
忽略二极管的正向压降。

因为变压器的变比为 20:1，变压器的
输入电压为 220V，所以变压器的输出电压 U_2 为 11V。半波整流电路输出的直流电压平均值
约为 $0.45U_2 = (0.45 \times 11)\,V = 4.95\,V$，与万用表的测量值不一致，原因是在计算的时候忽略
了二极管的正向压降。

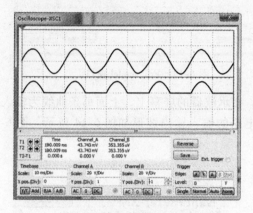

图 6-9　单相半波整流电路
的输入输出波形

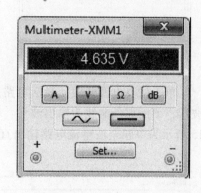

图 6-10　单相半波整流电路
输出直流电压平均值

2. 单相全波整流电路

图 6-11 所示为单相全波整流仿真电路。

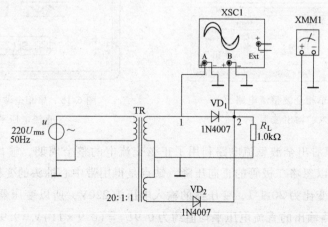

图 6-11　单相全波整流仿真电路

139

在 Multisim 12.0 上建立图 6-11 所示的单相全波整流仿真电路，万用表设置为直流电源档，将输入点 1 连线设置成蓝色，输出点 2 连线设置成红色。选中变压器 TR，用鼠标双击鼠标左键，选中 TRANSFORMER 窗口中的 Value 选项卡，如图 6-12 所示。然后单击"Edit model"按钮，出现图 6-13 所示 Edit model 窗口，使 .param np1 = 20、.param ns1 = 1、.param ns2 = 1，即可将变压器变比设置成 20:1:1。

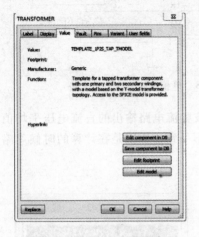

图 6-12　TRANSFORMER 窗口

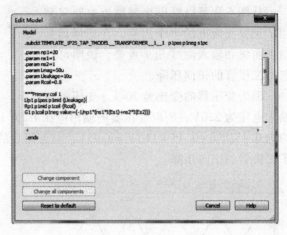

图 6-13　Edit model 窗口

单击仿真电源开关，激活电路进行动态分析。在示波器的屏幕上，上面那条曲线为输入波形，下面那条曲线为输出波形，单相全波整流电路的输入输出波形如图 6-14 所示。图 6-15 所示为单相全波整流电路输出直流电压平均值。

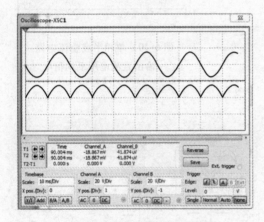

图 6-14　单相全波整流电路
的输入、输出波形

图 6-15　单相全波整流电路输出
直流电压平均值

从图 6-14 可以看出全波整流电路利用了正弦交流电的整个周期，输出曲线和输入曲线几乎重叠，说明可以忽略二极管的正向压降。缺点是得用带中心抽头的变压器。

因为变压器的变比为 20:1:1，变压器的输入电压为 220V，所以变压器的输出电压 U_2 为 11V。半波整流电路输出的直流电压平均值约为 $0.9U_2 = (0.9 \times 11)\mathrm{V} = 9.9\mathrm{V}$。和万用表的测量值不一致，原因是在计算的时候忽略了二极管的正向压降。

3. 桥式全波整流电路

图 6-16 所示为桥式全波整流仿真电路。

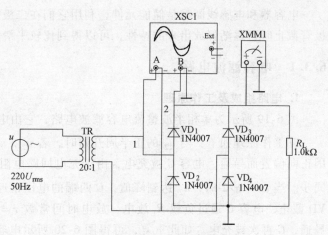

图 6-16　桥式全波整流仿真电路

在 Multisim 12.0 上建立图 6-16 所示的单相全波整流仿真电路，万用表设置为直流电源档，将输入点 1 连线设置成蓝色，输出点 2 连线设置成红色。单击仿真电源开关，激活电路进行动态分析。在示波器的屏幕上，上面那条曲线为输入波形，下面那条曲线为输出波形，桥式全波整流电路的输入输出波形如图 6-17 所示。图 6-18 所示为桥式全波整流电路输出直流电压平均值。

从图 6-17 可以看出全波整流电路利用了正弦交流电的整个周期，输出曲线和输入曲线几乎重叠，说明可以忽略二极管的正向压降。与单相全波整流电路相比，多了两个整流二极管，但变压器结构更简单。

因为变压器的变比为 20:1，变压器的输入电压为 220V，所以变压器的输出电压 U_2 为 11V。半波整流电路输出的直流电压平均值约为 $0.9U_2 = (0.9 \times 11)\mathrm{V} = 9.9\mathrm{V}$。与万用表的测量值不一致，原因是在计算的时候忽略了两个二极管的正向压降。

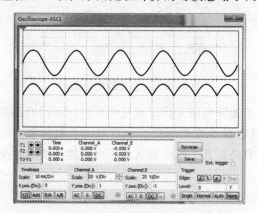

图 6-17　桥式全波整流电路的
输入、输出波形

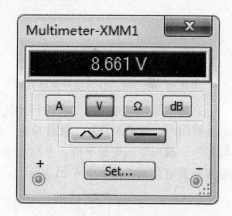

图 6-18　桥式全波整流电路
输出直流电压平均值

6.3　滤波电路

在所有整流电路的输出电压中，都不可避免地包含有较大的交流分量。为了减少交流分量，通常都要采取一定的措施，一方面要尽量降低输出电压中的脉动成分，另一方面又要提高输出的直流成分，使输出电压接近于理想的直流电压。所以，整流后一般都要经过滤波，使负载上得到平滑的直流电压。

电容器和电感线圈都是储能元件，利用它们在二极管导电时储存一部分能量，然后在二极管截止时再逐渐释放出来的特性，可以得到比较平滑的输出电压。

6.3.1 电容滤波电路

1. 电路组成及工作原理

图 6-19 所示为单相半波整流电容滤波电路，它由电容 C 和负载 R_L 并联组成。

其工作原理如下：当 u_2 的正半周开始时，若 $u_2 > u_c$（电容两端电压），整流二极管 VD 因正向偏置而导通，电容 C 被充电，由于充电回路电阻很小，因而充电很快，u_c 和 u_2 变化同步。当 $\omega t = \pi/2$ 时，u_2 达到峰值，C 两端的电压也近似充至 $\sqrt{2}U_2$。当 $u_c > u_2$ 时，二极管 VD 截止，电容 C 通过负载 R_L 放电，放电时间常数 $\tau = R_L C$。直到再次满足 $u_2 > u_c$ 时，VD 导通，C 再次被充电。如此重复，可得图 6-20 所示电容滤波电路波形，由图可见，放电时间常数 $\tau = R_L C$ 越大，输出波形越平滑。

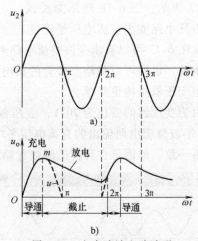

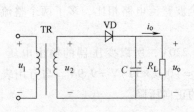

图 6-19　单相半波整流电容滤波电路　　　　图 6-20　电容滤波电路波形

在桥式整流电路中加电容进行滤波与半波整流滤波电路工作原理是一样的，不同的是在 u_c 全周期内，电路中总有二极管导通，所以 u_2 对电容 C 充电两次，电容器向负载放电的时间缩短，输出电压更加平滑，平均电压值也自然升高。其工作原理这里不再赘述。桥式整流电容滤波电路及波形如图 6-21 所示。

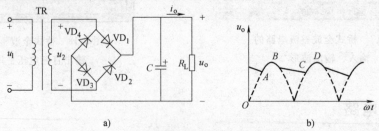

a)　　　　　　　　　　　　　b)

图 6-21　桥式整流电容滤波电路及波形
a）电路　b）波形

2. 负载上电压的计算

半波整流时，$U_{O(AV)} \approx 1 \sim 1.1 U_2$。

桥式和全波整流时，$U_{O(AV)} \approx 1.2 U_2$。

3. 元件的选择

（1）电容的选择

滤波电容 C 的大小取决于放电回路的时间常数，$R_L C$ 越大，输出电压脉动就越小，通常取 $R_L C$ 为脉动电压中最低次谐波周期的 $3 \sim 5$ 倍，即桥式和全波整流时，$R_L C \geqslant (3 \sim 5)\dfrac{T}{2}$；半波整流时，$R_L C \geqslant (3 \sim 5) T$。

滤波电容一般采用电解电容，耐压值应大于 $\sqrt{2} U_2$，并考虑 $2 \sim 3$ 倍的余量。

（2）整流二极管的选择

流经二极管的正向平均电流为：

半波整流时，取 $I_D > I_O$。

桥式整流时，取 $I_D > \dfrac{1}{2} I_O$。

一般考虑 $2 \sim 3$ 倍的余量。

4. 电容滤波的特点

电容滤波电路结构简单、输出电压高、脉动小，但在接通电源的瞬间，将产生强大的充电电流，这种电流称为"浪涌电流"；同时，因负载电流太大，电容器放电的速度加快，会使负载电压变得不够平稳，所以电容滤波电路只适用于负载电流较小的场合。

6.3.2 电感滤波电路

1. 电路组成及工作原理

电感滤波电路如图 6-22 所示。电感滤波电路利用电感对脉动成分呈现较大感抗的原理来减少输出电压中的脉动成分。可以这样理解，输出电压 $\dot{U}_O$ 是整流后电压 $\dot{U}_3$ 经 R_L 和 Z_L 分压得到的，即

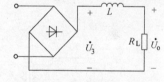

$\dot{U}_O = \dfrac{\dot{U}_3 R_L}{R_L + Z_L}$，其中 $Z_L = \mathrm{j}\omega L$（电感 L 的直流电阻可忽略不计），而 $\dot{U}_3$ 中含有直流成分和一系列高次谐波，对

图 6-22 电感滤波电路

直流成分来说 $Z_L \to 0$，$\dot{U}_3$ 几乎全部落在 R_L 上；对脉动成分来讲，频率越高，Z_L 上分得的部分越多。

2. 输出电压的平均值

若忽略电感 L 的直流电阻，桥式整流电感滤波输出电压平均值 $U_{O(AV)} = 0.9 U_2$。

3. 电感滤波电路的特点

1）输出特性较平坦（外特性较好），适用于输出电流较大、负载变化较大的场合。

2）整流二极管电流为连续波形（导通角大）。

3）缺点是电感的铁心质重、体大、价高。

6.3.3 复式滤波电路

为了进一步减小脉动成分，又不使滤波电容过大，还可采用下列滤波器。

1. RC-Ⅱ型滤波电路

图 6-23 所示是 RC-Ⅱ型滤波电路。图中电容 C_1 两
端电压中的直流分量，有很小一部分落在 R 上，其余
部分加到了负载电阻 R_L 上；而电压中的交流脉动则大
部分被滤波电容 C_2 衰减掉，只有很小的一部分加到负

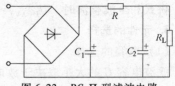

图 6-23　RC-Ⅱ型滤波电路

载电阻 R_L 上。此种电路的滤波效果虽好一些，但电阻上要消耗功率，所以只适用于负载电
流较小的场合。

2. LC-Ⅱ型滤波电路

图 6-24 所示是 LC-Ⅱ型滤波电路。与图 6-23
比较可见，只是将 RC-Ⅱ型滤波电路中的 R 用电
感 L 做了替换。由于电感具有阻交流通直流的作
用，因此在增加了电感滤波的基础上，此种电路
的滤波效果更好，而且 L 上无直流功率损耗，所

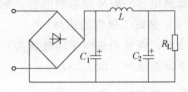

图 6-24　LC-Ⅱ型滤波电路

以一般用在负载电流较大和电源频率较高的场合。缺点是电感的体积大，使电路看起来
笨重。

6.3.4　电路分析与仿真

1. 电容滤波电路

图 6-25 所示为电容滤波仿真电路。

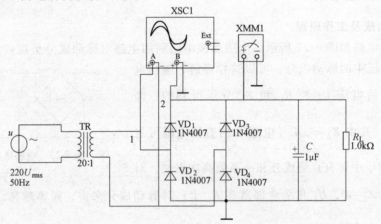

图 6-25　电容滤波仿真电路

在 Multisim 12.0 上建立图 6-25 所示的电容滤波仿真电路，万用表设置为直流电源档，
将输入点 1 连线设置成蓝色，输出点 2 连线设置成红色。单击仿真电源开关，激活电路进行
动态分析。在示波器的屏幕上，幅值大的曲线为输入波形，幅值小的曲线为输出波形。图
6-26 所示为 $C = 1\mu F$ 时的输入、输出波形图。图 6-27 所示为 $C = 1\mu F$ 时的输出直流电压平
均值。图6-28所示为 $C = 10\mu F$ 时的输入、输出波形图。图 6-29 所示为 $C = 10\mu F$ 时的输出直
流电压平均值。图 6-30 所示为 $C = 1000\mu F$ 时的输入、输出波形图。图 6-31 所示为 $C = 1000\mu F$ 时的输出直流电压平均值。对比这几幅输出波形图可以看出滤波电容 C 的取值越大，
输出波形的脉动成分越少，输出电压更加平滑，平均电压值也越高。

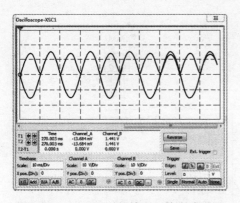

图 6-26　$C=1\mu F$ 时的输入、输出波形图

图 6-27　$C=1\mu F$ 时的输出直流电压平均值

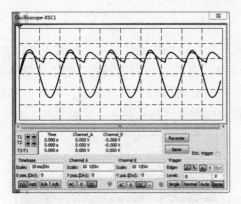

图 6-28　$C=10\mu F$ 时的输入、输出波形图

图 6-29　$C=10\mu F$ 时的输出直流电压平均值

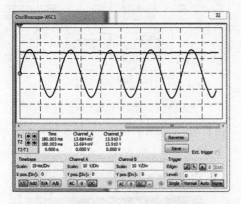

图 6-30　$C=1000\mu F$ 时的输入、输出波形图

图 6-31　$C=1000\mu F$ 时的输出直流电压平均值

2. 电感滤波电路

图 6-32 所示为电感滤波仿真电路。

在 Multisim 12.0 上建立图 6-32 所示的电感滤波仿真电路，万用表设置为直流电源档，将输入点 1 连线设置成蓝色，输出点 2 连线设置成红色。单击仿真电源开关，激活电路进行动态分析。在示波器的屏幕上，幅值大的曲线为输入波形，幅值小的曲线为输出波形。图 6-33 所示为 $L=1H$ 时的输入输出波形图。图 6-34 所示为 $L=1H$ 时的输出直流电压平均值。图 6-35 所示为 $L=5H$ 时的输入、输出波形图。图 6-36 所示为 $L=5H$ 时的输出直流电压平均值。图6-37

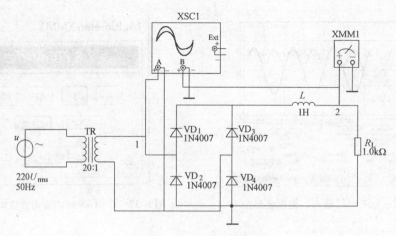

图 6-32　电感滤波仿真电路

所示为 $L = 150H$ 时的输入、输出波形图。图 6-38 所示为 $L = 150H$ 时的输出直流电压平均值。对比这几幅输出波形图可以看出滤波电感 L 的取值越大，输出波形的脉动成分越少，输出电压更加平滑，平均电压值也越低（原因是电感越大绕制电感用的铜线就越多，电阻值就越大，和负载串联后分压就越多）。另外电感越大，铁心也越重、体也越大、价也越高。

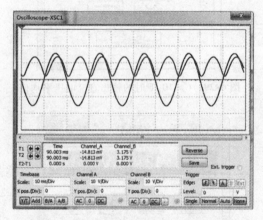

图 6-33　$L = 1H$ 时的输入、输出波形图

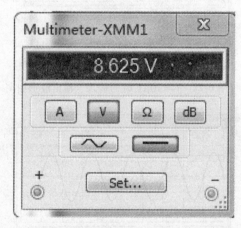

图 6-34　$L = 1H$ 时的输出直流电压平均值

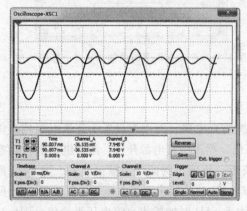

图 6-35　$L = 5H$ 时的输入、输出波形图

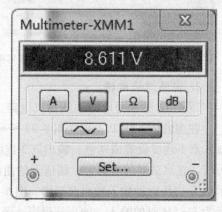

图 6-36　$L = 5H$ 时的输出直流电压平均值

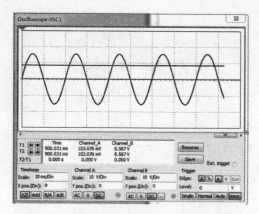

图 6-37 $L=150H$ 时的输入、输出波形图

图 6-38 $L=150H$ 时的输出直流电压平均值

3. RC-Ⅱ 型滤波电路

图 6-39 所示为 RC-Ⅱ 型滤波仿真电路。

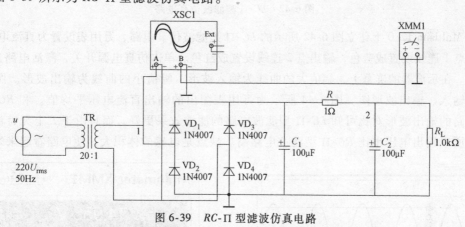

图 6-39 RC-Ⅱ 型滤波仿真电路

在 Multisim 12.0 上建立图 6-39 所示的 RC-Ⅱ 型滤波仿真电路，万用表设置为直流电源档，将输入点 1 连线设置成蓝色，输出点 2 连线设置成红色。单击仿真电源开关，激活电路进行动态分析。在示波器的屏幕上，幅值大的曲线为输入波形，幅值小的曲线为输出波形。图 6-40 所示为输入、输出波形图。图 6-41 所示为万用表测出的输出直流电压平均值。

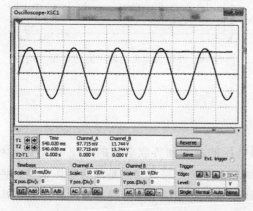

图 6-40 输入、输出波形图

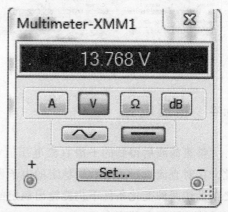

图 6-41 万用表测出的输出直流电压平均值

4. *LC*-Π 型滤波电路

图 6-42 所示为 *LC*-Π 型滤波仿真电路。

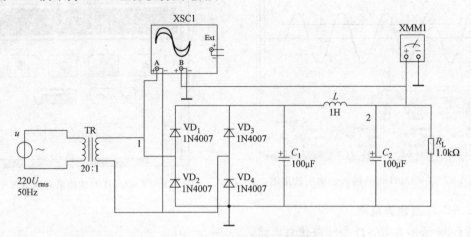

图 6-42　*LC*-Π 型滤波仿真电路

在 Multisim 12.0 上建立图 6-42 所示的 *LC*-Π 型滤波仿真电路，万用表设置为直流电源档，将输入点 1 连线设置成蓝色，输出点 2 连线设置成红色。单击仿真电源开关，激活电路进行动态分析。在示波器的屏幕上，幅值大的曲线为输入波形，幅值小的曲线为输出波形。图 6-43 所示为输入、输出波形图。图 6-44 所示为万用表测出的输出直流电压平均值。和 *RC*-Π 型滤波电路的输出波形对比可知 *LC*-Π 型滤波电路的滤波效果更好，而且由于 *L* 上无直流功率损耗，所以输出电压也比 *RC*-Π 型滤波电路高。缺点是电感的体积大，使电路看起来笨重。

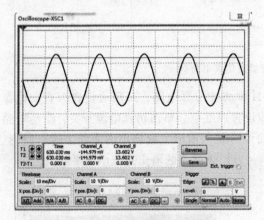

图 6-43　输入、输出波形图

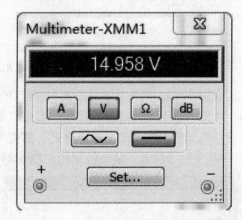

图 6-44　万用表测出的输出直流电压平均值

6.4　稳压电路

整流滤波后得到的平滑直流电压值会随电网电压的波动和负载电流的变化而改变，因此，在对直流电压要求比较稳定的电子设备中，通常在整流电路后面总是加有稳压电路，使之在上述两种变化条件下仍能输出稳定的直流电压。常见的稳压电路有稳压管稳压电路和串联反馈式稳压电路两大类。

6.4.1 稳压管稳压电路

1. 电路组成

稳压管稳压电路如图 6-45 所示，输入电压 U_i 是经过整流滤波后的电压；稳压电路的输出电压 U_o 是稳压管的稳定电压 U_Z；R 是限流电阻。

由图 6-45 可得两个基本关系式，即：

$$U_i = U_R + U_o$$
$$I_R = I_Z + I_L$$

稳压管组成的硅稳压电路是利用稳压管的反向击穿特性，当稳压管反向击穿时，只要能使稳压管始终工作在稳压区，即保证稳压管的电流在一定范围内变化，输出电压 U_o 就基本稳定。

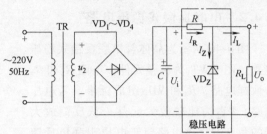

图 6-45　稳压管稳压电路

2. 稳压原理

对任何稳压电路一般应从两方面考察其稳压特性，一是设电网电压波动，研究其输出电压是否稳定；二是设负载变化，研究其输出电压是否稳定。

（1）负载电阻 R_L 不变，输入电压随电网电压变化

在图 6-45 所示稳压管稳压电路中，当电网电压升高时，稳压电路的输入电压 U_i 随之增大，使 U_o 有增大趋势，引起 U_Z 增大，使 I_Z 急剧增大，则 U_R 增大，以此来抵消 U_i 的增大，故 U_o 不变。过程如下：

$$电网电压 \uparrow \rightarrow U_i \uparrow \rightarrow U_o(U_Z) \uparrow \rightarrow I_Z \uparrow \rightarrow I_R \uparrow \rightarrow U_R \uparrow$$
$$U_o \downarrow \qquad \qquad \qquad \qquad \qquad$$

当电网电压下降时，各电量的变化与上述过程相反，U_R 的变化补偿了 U_i 的变化，以保证 U_o 基本不变。过程如下：

$$电网电压 \downarrow \rightarrow U_i \downarrow \rightarrow U_o(U_Z) \downarrow \rightarrow I_Z \downarrow \rightarrow I_R \downarrow \rightarrow U_R \downarrow$$
$$U_o \downarrow \qquad \qquad \qquad \qquad \qquad$$

由此可见，当电网电压变化时，稳压电路通过限流电阻 R 上电压的变化来抵消 U_i 的变化，即 $\Delta U_R \approx \Delta U_i$，从而使 U_o 基本不变。

（2）输入电压 U_i 不变，负载电阻 R_L 变化

当负载电阻 R_L 减小即负载电流 I_L 增大时，导致 I_R 增加，U_R 也随之增大，U_o 必然下降，即 U_Z 下降。根据稳压管的伏安特性，U_Z 的下降使 I_Z 急剧减小，从而使 I_R 随之减小。如果参数选择恰当，就可使 $\Delta I_Z \approx -\Delta I_L$，使 I_R 基本不变，从而使 U_o 也基本不变。过程如下：

$$R_L \downarrow \rightarrow U_o(U_Z) \downarrow \rightarrow I_Z \downarrow \rightarrow I_R \downarrow \rightarrow \Delta I_Z \approx -\Delta I_L \rightarrow I_R 基本不变 \rightarrow U_o 基本不变$$
$$\longrightarrow I_L \uparrow \rightarrow I_R \uparrow \qquad \qquad \qquad \qquad$$

相反，如果 R_L 增大即 I_L 减少，则 I_Z 增大，同样可使 I_R 基本不变，从而保证 U_o 基本不变。

显然，在电路中只要能使 $\Delta I_Z \approx -\Delta I_L$，就可以使 I_R 基本不变，从而保证负载变化时输

出电压基本不变。

综上所述，在稳压管所组成的稳压电路中，利用稳压管所起的电流调节作用，通过限流电阻 R 上电压或电流的变化进行补偿，来达到稳压的目的。限流电阻 R 是必不可少的元件，它既限制稳压管中的电流使其正常工作，又与稳压管相配合以达到稳压的目的。

6.4.2 串联反馈式稳压电路

图 6-46 所示为晶体管串联反馈式稳压电路。图中 VT_1 为调整元件，电阻 R_1 和 R_2 为取样电路，R_4 和 VD_z 组成标准参考电压电路，VT_2 为比较放大元件，从反馈放大器的角度看，该电路属于电压串联负反馈电路，而且调整元件 VT_1 与负载电阻 R_L 串联，因此也称为串联反馈式直流稳压电路。

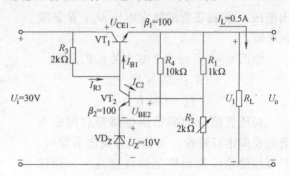

图 6-46　晶体管串联反馈式稳压电路

该电路的稳压过程如下：当负载电阻 R_L 不变时，电网电压波动，波动后的电压 U_i 上升会导致输出电压向上波动，同时取样电压的增加使 VT_2 的基极电压 U_{B2} 升高，造成 VT_2 管的基极电流 I_{B2} 和集电极电流 I_{C2} 增大，导致 VT_2 管的集电极电压 U_{C2} 也就是 VT_1 管的基极电压 U_{B1} 下降，使 VT_1 管的基极电流 I_{B1} 和集电极电流 I_{C1} 下降，而管压降 U_{CE1} 增加。由于输出电压 U_o 等于输入电压 U_i 减去 VT_1 的管压降 U_{CE1}，因此抑制了输出电压的增加，起到了稳压作用。过程如下：

$$U_i \uparrow \rightarrow U_o \uparrow \rightarrow U_{BE2} \uparrow \rightarrow I_{B2} \uparrow \rightarrow I_{C2} \uparrow \rightarrow U_{CE2} \downarrow \rightarrow U_{B1} \downarrow$$

$$U_o \downarrow \xleftarrow{U_o = U_i - U_{CE1}} U_{CE1} \uparrow \leftarrow I_{C1} \downarrow \leftarrow I_{B1} \downarrow \leftarrow U_{BE1} \downarrow$$

同理，当输入电压向下波动引起输出电压减小时，电路将产生与上述相反的稳压过程。

设 U_i 一定，而负载电阻变大时，也将引起输出电压向上波动。和上述分析过程一样，最后导致管压降增加，而抑制了输出电压的增加。负载电阻变小时，会引起输出电压向下波动，和负载电阻变大时相反，最终导致 VT_1 管压降下降，从而抑制了输出电压的下降。

总之，当输出电压向上波动时，调整管 VT_1 的管压降增大；输出电压向下波动时，调整管 VT_1 的管压降将减小。无论什么原因引起的输出电压的变化，最终的变化量都落到了调整管上，而保证了输出电压的基本恒定。

6.4.3 三端集成稳压器

集成稳压器具有体积小、可靠性高、温度特性好、价格低廉等优点被广泛应用于各种电子设备中。集成稳压器分为固定输出型和可调输出型两种形式。

1. 固定式三端稳压器

稳压器由于它只有输入、输出和公共引出端，故称之为三端式稳压器（简称为三端稳压器）。固定式三端稳压器可以分为输出正电压（78××系列）和输出负电压（79××系列）两类。

现以具有正电压输出的 78×× 系列为例介绍三端式稳压器的工作原理。

78××型三端式集成稳压器原理图如图6-47所示，三端式稳压器由启动电路、基准电压电路、取样比较放大电路、调整电路和保护电路等部分组成。下面对各部分电路进行简单介绍。

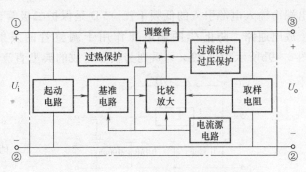

图6-47 78××型三端式集成稳压器原理图

（1）启动电路

在78××系列集成稳压器中，常采用许多恒流源，当输入电压 U_1 接通后，这些恒流源难以自行导通，以致输出电压较难建立。因此，必须用启动电路供给调整管、放大电路和基准电源等建立起各自的工作电流。当整个稳压电路进入正常工作状态时，启动电路被断开，以免影响稳压电路的性能。

（2）基准电压电路

在78××系列集成稳压器中，基准电压电路采用了零温漂的能带间隙的基准源，可使基准电压 U_{REF} 基本上不随温度变化。因此，基准源的稳定性大大提高，从而保证基准电压不受输入电压波动的影响。

（3）取样比较放大电路和调整电路

在78××系列集成稳压器中，采样电路由两个分压电阻组成，它将输出电压变化量的一部分送到放大电路的输入端。

78××系列三端稳压器的调整管采用复合管结构，具有很大的电流放大系数，接在输入端和输出端之间，放大电路为共射接法，并采用有源负载，从而获得较高的电压放大倍数。

（4）保护电路

在78××系列集成稳压器中，有限流保护电路、过热保护电路和过电压保护电路。值得指出的是，当出现故障时，上述几种保护电路是互相关联的。

78××系列输出电压为正电压，输出电流可达1A，如78L××系列和78M××系列的输出电流分别为0.1A 和0.5A。它们的输出电压分别为5V、6V、9V、12V、15V、18V 和24V 等7挡。这类集成稳压器的外形图如图6-48所示。79××系列是与78××系列相对应的三端固定负输出集成稳压器，其外形与78××系列完全相同，但它们的引脚有所不同，两者的输出端相同（均为第③脚），而输入端及接地端恰好相反。78××系列三端稳压器的外形及引脚如图6-48所示，其中①脚为输入端、③脚为输出端、②脚为公共端（地），79××系列的②脚为输入端、③脚为输出端、①脚为公共端。输出较大电流时需加装散热器。

值得注意的是，由于生产厂家的不同，各个参数和引脚排列都有可能不同，请大家使用时要看清厂家资料。

图6-49a 所示为以78××系列为核心组成的典型直流稳压电路，正常工作时，稳压器的输入、输出电压差为2～3V。电路中接入电容 C_2，C_3 用来实现频率补偿，防止稳压器产生高频自激振荡并抑制电路引入高频干扰，C_3 是电解电容，以减小稳压电源输

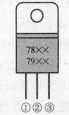

图6-48 78××系列三端
稳压器的外形及引脚

出端由输入电源引入的低频干扰。VD 是保护二极管，当输入端短路时，给输出电容器 C_3 一个放电通路，防止 C_3 两端电压作用于调整管的发射结，造成调整管发射结击穿而损坏。图 6-49b 所示为以 79×× 系列为核心组成的典型直流稳压电路。

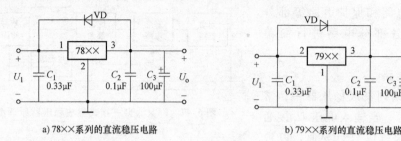

a) 78×× 系列的直流稳压电路 b) 79×× 系列的直流稳压电路

图 6-49　固定式三端稳压器组成的直流稳压电路

2. 可调式三端集成稳压器

可调式三端稳压器的主要应用是要实现输出电压可调的稳压电路。本节主要介绍 W117 系列可调式三端稳压器。W117 系列可调式三端稳压器包括 W117、W217、W317，它们具有相同的外形、引出端和相似的内部电路，只是参数有细小差别。但它们的工作温度范围不同，依次为（ $-55 \sim 150$ ）℃ 、（ $-25 \sim 150$ ）℃ 、（ $-0 \sim 150$ ）℃。具体参数可以查手册得到。

可调式三端稳压器组成的直流稳压电路如图 6-50 所示。

W117 系列三端稳压器的输出端和调整端之间（3—2 脚之间）的电压为 1.25V，称为基准电压。即电阻 R_1 两端电压为 1.25V。输出电流最大可达 1.5A 。可得输出电压为：

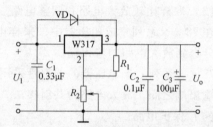

$$U_o = \left(1 + \frac{R_2}{R_1} \right) \times 1.25$$

由上式可知，调节电阻 R_2 的大小，可以调节输出电压 U_o 的大小。

图 6-50　可调式三端稳压器组成的直流稳压电路

值得注意的是，在实际应用中，为了减小纹波电压，可在 R_2 两端并联一个 $10\mu F$ 电容。为了保护稳压器，可加一个保护二极管 VD，提供一个放电回路。

6.4.4　电路分析与仿真

图 6-51 所示为稳压管稳压仿真电路。

在 Multisim 12.0 上建立图 6-51 所示的稳压管稳压滤波仿真电路，万用表设置为直流电源档，将输入点 1 连线设置成蓝色，输出点 2 连线设置成红色。单击仿真电源开关，激活电路进行动态分析。在示波器的屏幕上，正弦曲线为输入波形，直线为输出波形。图 6-52 所示为电源电压 220V、$R_L = 1k\Omega$ 时的输入输出波形图。图 6-53 所示为电源电压 220V、$R_L = 1k\Omega$ 时万用表测出的输出直流电压平均值。图 6-54 所示为电源电压 210V、$R_L = 1k\Omega$ 时的输入、输出波形图。图 6-55 所示为电源电压 210V、$R_L = 1k\Omega$ 时万用表测出的输出直流电压平均值。图 6-56 所示为电源电压 230V、$R_L = 1k\Omega$ 时的输入、输出波形图。图 6-57 所示为电源电压 230V、$R_L = 1k\Omega$ 时万用表测出的输出直流电压平均值。图 6-58 所示为电源电压 220V、$R_L = 910\Omega$ 时的输入、输出波形图。图 6-59 所示为电源电压 220V、$R_L = 910\Omega$ 时万

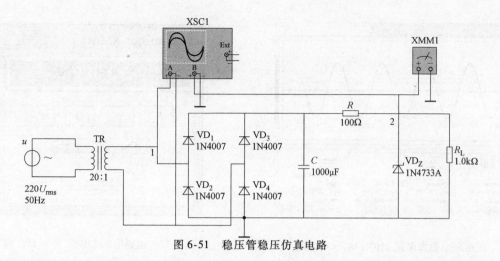

图 6-51 稳压管稳压仿真电路

用表测出的输出直流电压平均值。图 6-60 所示为电源电压 220V、$R_L = 1.1\text{k}\Omega$ 时的输入、输出波形图。图 6-61 所示为电源电压 220V、$R_L = 1.1\text{k}\Omega$ 时万用表测出的输出直流电压平均值。通过对比可知，无论电网电压波动，还是负载变化，其输出电压是稳定的。

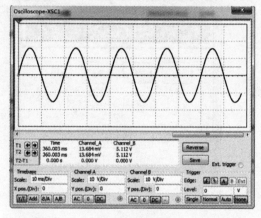

图 6-52 电源电压 220V、$R_L = 1\text{k}\Omega$ 时的输入、输出波形图

图 6-53 电源电压 220V、$R_L = 1\text{k}\Omega$ 时万用表测出的输出直流电压平均值

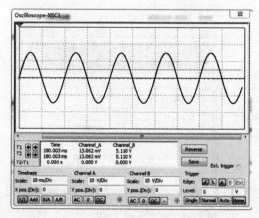

图 6-54 电源电压 210V、$R_L = 1\text{k}\Omega$ 时的输入、输出波形图

图 6-55 电源电压 210V、$R_L = 1\text{k}\Omega$ 时万用表测出的输出直流电压平均值

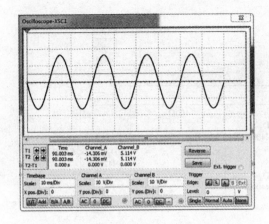

图 6-56 电源电压 230V、$R_L = 1k\Omega$ 时
的输入、输出波形图

图 6-57 电源电压 230V、$R_L = 1k\Omega$ 时
万用表测出的输出直流电压平均值

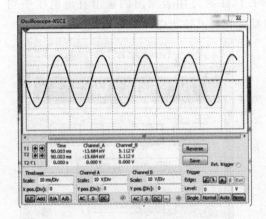

图 6-58 电源电压 220V、$R_L = 910\Omega$ 时
的输入、输出波形图

图 6-59 电源电压 220V、$R_L = 910\Omega$ 时
万用表测出的输出直流电压平均值

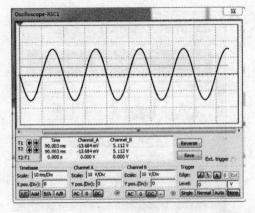

图 6-60 电源电压 220V、$R_L = 1.1k\Omega$ 时
的输入、输出波形图

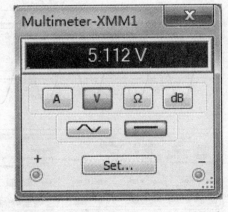

图 6-61 电源电压 220V、$R_L = 1.1k\Omega$ 时
万用表测出的输出直流电压平均值

6.5 实验 串联型晶体管稳压电源

实验目标	1）熟悉实验室示波器的使用方法。 2）熟悉使用 Multisim12.0 仿真软件。 3）通过电路仿真软件仿真测试，加深对稳压电源的理解。
实验方法	1）使用实验设备对稳压电源进行测试。 2）使用 Multisim12.0 仿真软件，对稳压电源进行仿真。

1. 实验目的

- 研究单相桥式整流、电容滤波电路的特性。
- 掌握串联型晶体管稳压电源主要技术指标的测试方法。

2. 实训器材

可调工频电源	1 台
双踪示波器	1 台
交流毫伏表	1 台
万用表	1 块
实验电路板	两块
计算机	1 台

Multisim12.0 软件

3. 实训内容与步骤

（1）整流、滤波电路测试

按图 6-62 所示检查实验电路板。取可调工频电源电压为 16V，作为整流电路的输入电压 u_2。

1）取 $R_L = 240\Omega$，不加滤波电容，测量直流输出电压 U_L 及纹波电压 $\dot{U}_L$，并用示波器观察 u_2 和 u_L 波形，记入表 6-1。

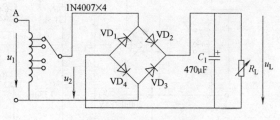

图 6-62 实训电路 1

2）取 $R_L = 240\Omega$，$C = 470\mu F$，重复内容 1）的要求，记入表 6-1。

3）取 $R_L = 120\Omega$，$C = 470\mu F$，重复内容 1）的要求，记入表 6-1。

表 6-1 $U_2 = 16V$ 时的记录表

电路形式		U_L/V	$\dot{U}_L/V$	u_L 波形
$R_L = 240\Omega$				

电路形式		U_L/V	$\dot U_L$/V	u_L 波形
$R_L = 240\Omega$ $C = 470\mu F$				
$R_L = 120\Omega$ $C = 470\mu F$				

注意：

① 每次改接电路时，必须切断工频电源。

② 在观察输出电压 u_L 波形的过程中，"Y 轴灵敏度"旋钮位置调好以后，不要再变动，否则将无法比较各波形的脉动情况。

（2）串联型稳压电源性能测试

切断工频电源，按图 6-63 所示检查实验电路板。

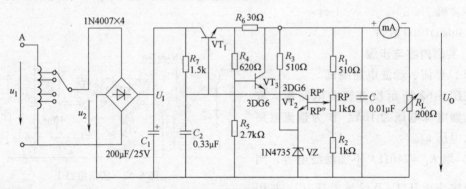

图 6-63　实训电路 2

1）初测。稳压器输出端负载开路，断开保护电路，接通 16V 工频电源，测量整流电路输入电压 U_2、滤波电路输出电压 U_I（稳压器输入电压）及输出电压 U_O。调节电位器 RP，观察 U_O 的大小和变化情况，如果 U_O 能跟随 RP 线性变化，说明稳压电路各反馈环路工作基本正常；否则，说明稳压电路有故障。因为稳压器是一个深负反馈的闭环系统，只要环路中任一个环节出现故障（某管截止或饱和），稳压器就会失去自动调节作用。此时可分别检查基准电压 U_Z、输入电压 U_I、输出电压 U_O，以及比较放大器和调整管各电极的电位（主要是 U_{BE} 和 U_{CE}），分析它们的工作状态是否都处在线性区，从而找出不能正常工作的原因。排除故障后就可以进行下一步测试。

2）测量输出电压可调范围。接入负载 R_L（滑线变阻器），并调节 R_L，使输出电流 $I_O \approx$ 100mA。再调节电位器 RP，测量输出电压可调范围 $U_{Omin} \sim U_{Omax}$，且使 RP 动点在中间位置附近时 $U_O = 12V$。若不满足要求，可适当调整 R_1、R_2 的值。

3）测量各级静态工作点。调节 RP 及 R_L 使输出电压 $U_O = 12V$、输出电流 $I_O = 100mA$，测量各级静态工作点，记入表 6-2。

表 6-2　$U_2 = 16V$、$U_O = 12V$、$I_O = 100mA$ 时的记录表

	VT$_1$	VT$_2$	VT$_3$
U_B/V			
U_C/V			
U_E/V			

4）测量稳压系数 γ。取 $I_O = 100mA$，按表 6-3 改变整流电路输入电压 U_2（模拟电网电压波动），分别测出相应的稳压器输入电压 U_I 及输出直流电压 U_O，记入表 6-3。

5）测量输出电阻 r_O。取 $U_2 = 16V$，改变滑线变阻器位置，使 I_O 为空载、50mA 和 100mA，测量相应的 U_O 值，记入表 6-4。

表 6-3　$I_O = 100mA$ 时的记录表

测 试 值			计 算 值
U_2/V	U_I/V	U_O/V	r_O/Ω
14			$r_{O12} =$
16		12	
18			$r_{O23} =$

表 6-4　$U_2 = 16V$ 时的记录表

测 试 值		计 算 值
I_O/mA	U_O/V	r_O/Ω
空载		$r_{O12} =$
50	12	
100		$r_{O23} =$

6）测量输出纹波电压。取 $U_2 = 16V$、$U_O = 12V$、$I_O = 100mA$，测量输出纹波电压 U_L，并记录。

7）调整过电流保护电路。

① 断开工频电源，接上保护回路，再接通工频电源，调节 RP 及 R_L 使 $U_O = 12V$、$I_O = 100mA$，此时保护电路应不起作用。测出 VT$_3$ 各极的电位值。

② 逐渐减小 R_L，使 I_O 增加到 120mA，观察 U_O 是否下降，并测出保护起作用时 VT$_3$ 各极的电位值。若保护作用过早或滞后，可改变 R_6 的阻值进行调整。

③ 用导线瞬时短接一下输出端，测量 U_O 值，然后去掉导线，检查电路是否能自动恢复正常工作。

4. 实训报告

1）对表 6-1 所测结果进行全面分析，总结桥式整流电路和电容滤波电路的特点。

2）根据表 6-2 和表 6-3 所测数据，计算稳压电路的稳压系数 γ 和输出电阻 r_O，并进行分析。

3）分析讨论实验中出现的故障及其排除方法。

4）在桥式整流电路中，如果某个二极管发生开路、短路或反接 3 种情况，将会出现什么问题？

5）为了使稳压电源的输出电压 $U_O = 12V$，则其输入电压的最小值 U_{Imin} 应等于多少？交流输入电压 U_{2min} 又怎样确定？

6）当稳压电源输出不正常，或输出电压 U_O 不随取样电位器 RP 而变化时，应如何进行

检查以找出故障所在?

    7)分析保护电路的工作原理。

    8)怎样提高稳压电源的性能指标(减小 γ 和 r_0)?

6.6 习题

  1.判断题

    1)直流电源是一种将正弦信号转换为直流信号的波形变换电路。   (   )

    2)直流电源是一种能量转换电路,它将交流能量转换为直流能量。   (   )

    3)在变压器二次电压和负载电阻相同的情况下,桥式整流电路的输出电流是半波整流电路输出电流的两倍。   (   )

    4)若 U_2 为电源变压器二次电压的有效值,则半波整流电容滤波电路和全波整流电容滤波电路在空载时的输出电压均为 $\sqrt{2}U_2$。   (   )

    5)当输入电压 U_i 和负载电流 I_L 变化时,稳压电路的输出电压是绝对不变的。   (   )

    6)一般情况下,开关型稳压电路比线性稳压电路效率高。   (   )

    7)整流电路可以将正弦电压变成脉动的直流电压。   (   )

    8)电容滤波电路适用于小负载电流,而电感滤波电路适用于大负载电流。   (   )

    9)在单相桥式整流电容滤波电路中,若有一只整流管断开,输出电压平均值变为原来的一半。   (   )

    10)因为串联型稳压电路中引入了深度负反馈,因此可能产生自激振荡。   (   )

    11)线性直流电源中的调整管工作在放大状态,开关型直流电源中的调整管工作在开关状态。   (   )

  2.单相桥式整流电路如图 6-64 所示,已知 $u_2 = 25\sqrt{2}\sin\omega t$,$R_L C = 5T/2$。

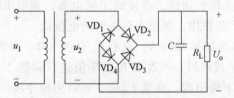

图 6-64 单相桥式整流电路

    1)估算输出电压 U_o 大小并标出电容 C 上的电压极性。

    2)$R_L \to \infty$ 时,计算 U_o 的大小。

    3)滤波电容 C 开路时,计算 U_o 的大小。

    4)二极管 VD_1 开路时,计算 U_o 的大小;如果 VD_1 短路,将产生什么后果?

    5)如 $VD_1 \sim VD_4$ 中有一个极性接反,将产生什么后果?

  3.电路如图 6-64 所示,用交流电压表测得 $U_2 = 20V$,现用直流电压表测量输出电压 U_o,试分析下列测量数据,哪些说明电路正常工作?哪些说明电路出现了故障?并指明原因。

    (1)$U_o = 28V$ (2)$U_o = 18V$ (3)$U_o = 24V$ (4)$U_o = 9V$

4. 桥式整流电容滤波电路向负载供电，要求输出电压 $U_o = 6V$，输出电流 $I_o = 100mA$。交流电源的频率为 50Hz，应怎样选择整流二极管及滤波电容。若交流电网电压 u_i 的有效值为 220V，试求电源变压器的变压比（理想情况）。

5. 图 6-65 所示的硅稳压管稳压电路中，交流电压 $U_2 = 12V$，负载电流 $I_{Omin} = 0mA$，$I_{Omax} = 5mA$，稳压管的型号为 2CW54，其参数是：$U_Z = 6V$、$I_{Zmin} = 5mA$、$I_{Zmax} = 38mA$，问限流电阻 R 应选多大?

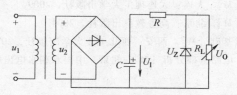

图 6-65　硅稳压管稳压电路

6. 电路如图 6-66 所示，稳压管的稳定电压 $U_Z = 4.3V$，晶体管的 $U_{BE} = 0.7V$，$R_1 = R_2 = R_3 = 300\Omega$，$R_0 = 5\Omega$。试估算：

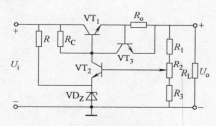

图 6-66　稳压电路

1）输出电压的可调范围。

2）调整管发射极允许的最大电流。

3）若 $U_i = 25V$，波动范围为 ±10%，则调整管的最大功耗为多少?

参 考 文 献

[1] 刘光枯. 模拟电路基础 [M]. 成都：电子科技大学出版社，2001.

[2] 唐竞新. 模拟电子技术基础解题指南 [M]. 北京：清华大学出版社，2002.

[3] 章彬宏. 模拟电子技术 [M]. 北京：北京理工大学出版社，2009.

[4] 苏丽萍. 电子技术基础 [M]. 西安：西安电子科技大学出版社，2010.

[5] 于宝明. 电子技术基础 [M]. 大连：大连理工大学出版社，2009.

[6] 林平勇. 电工电子技术 [M]. 北京：高等教育出版社，2004.

[7] 郭亚红. 电工与电子技术基础 [M]. 西安：西北工业大学出版社，2012.

[8] 何碧贵，汪涓，王志宏. 电路基础分析 [M]. 北京：中国水利水电出版社，2012.